U0385373

邱园种植指南

# 英国皇家植物园栽种秘笈

# 香草

邱园种植指南

# 英国皇家植物园栽种秘笈

# 香草

[英] 霍利·法雷尔　著
邢彬　译

北 京 出 版 集 团
北京美术摄影出版社

# 目录

*本书每种植物介绍的左上方会有该植物的种类描述，以供读者参考。

# 简述香草的栽种

## 香草的价值

本书选择的香草都带有独特味道和香气。对于厨师来说，香草是清新味道的鲜活宝藏，对一道普通的菜肴而言，香草具有点石成金的作用。香草的种子、花朵或叶片都能使用，可以烹饪和食用，提升菜肴或饮品的味道和香气。香草会出现在手工杜松子酒、冰块和鸡尾酒糖浆里，还会出现在很多优秀餐厅费心搜集的餐具上和菜园里，因为厨师们深知，要想捕捉那萦绕心头、难以名状的味道，通常只有一种办法，就是在近旁自己栽种香草，随用随取。

自人类最早的食物搜寻和作物栽培开始，香草一直都是我们饮食和经济生活的重要组成部分。除了大量用于烹饪外，香草还用于染布、治病，为身体和住所添香，甚至还曾作为货币使用。今天，香草是众多药物治疗的基础（或天然、化学衍生），鲜切花的花束中也会用到香草。此外，香草还用于香水和染料中，更是花园中野生动物的世界里不可或缺的宝贵植物。简而言之，很难想到还有哪类植物能比香草对人们更有用处了——这就是本书对香草类植物的定义。

从植物学角度而言，香草是具有肉质茎而非木质茎的植物（由此被称作草本植物），不过香草所涵盖的植物范围要比这个宽泛得多（然而特征更为明显的农作物却不在此列）。

历史上曾被用作医药的许多香草如今都能够通过它们的拉丁名称得到识别和确认——品种名中有天门冬（*officinalis*）字样的香草，就曾被药剂师使用过。其实，现代制药公司可能更加依赖香草，只是它们不愿意承认罢了。大部分人都知道一些植物具有镇痛的功效（通常用于药品中），也可能听说过奎宁［来自金鸡纳树属（*Cinchona*）乔木的树皮，这是已知的最早治疗疟疾的方法］，可是有多少人知道让多种类固醇和口服避孕药得以开发的薯蓣（*Dioscorea*）呢？

香草一直都在我们身边，许多花园里已经种着一些园艺爱好者了解的香草，还有其他不为人们所知的，本书会启发并提供如何选择和种植香草的建议。对于已经拥有花园的人来说，种植香草是个上瘾的过程，可以先从基础的常用烹饪香草入手［罗勒（*Ocimum*）、百里香（*Thymus*）、薄荷（*Mentha*）、迷迭香（*Salvia rosmarinus* syn. *Rosmarinus officinalis*）］，但香草可远不只这些，大胆些，试着种一些新品种吧，香草绝不会让你失望的！

## 耐寒区

本书中的每种香草条目都对应着相关等级的耐寒区。英国皇家园艺协会（RHS）划分出这些等级，以此显示植物在从高温到低温的环境中的生长状况。在等级为1~2的区域，植物全年都需要完全没有霜冻的环境，甚至有些植物可能耐受不了该等级的最低温度，而需要更高的温度条件。能够在霜冻环境

香草兼具色彩和造型：图中紫色的鼠尾草（*Salvia*）和金黄色的甘牛至（*Origanum majorana*）形成了鲜明的对比

下存活的植物属于等级为 3 及以上的耐寒区，数字越高表明温度越低，对应着可以耐受冰点以下的植物类型。想进一步了解每个耐寒分区的详情，可以登录英国皇家园艺协会的网站查询（http://www.rhs.org.uk）。

## 必种的香草

每一个花园——即便是只能摆放几个花盆的窗台——都有地方种上一两种香草。本书详细介绍了 70 多种最受欢迎、非常有用且极易栽培的香草，可以根据使用情况进行选择。

## 烹饪用香草

几乎所有的香草都能用于烹饪，有许多种风味等待你的探索和发现。刚开始有一些很不错的选择：迷迭香、百里香、罗勒、北葱（*Allium schoenoprasum*）、牛至（*Origanum vulgare*）、法国龙蒿（*Artemisia dracunculus*）、尖辣椒（*Capsicum annuum*）、茴香（*Foeniculum vulgare*）、薄荷、欧芹（*Petroselinum crispum*）、鼠尾草、酸模（*Rumex acetosa*）、园圃塔花

（*Satureja hortensis*）、冬香薄荷（*Satureja montana*）、菊苣（*Cichorium intybus*）和野韭菜（*Allium ursinum*）。

## 烘焙用香草

最常用的有橙香木（*Aloysia citriodora*）、百里香、迷迭香、英国薰衣草（*Lavandula angustifolia*）、欧白芷（*Angelica archangelica*）、薄荷、茴香、番红花（*Crocus sativus*）、月桂（*Laurus nobilis*）、绿豆蔻（*Elettaria cardamomum*）、美国蜡梅（*Calycanthus floridus*）、茉莉芹（*Myrrhis odorata*）、香叶天竺葵（*Pelargonium*）、西洋接骨木（*Sambucus nigra*）、玫瑰（*Rosa*）、香堇菜（*Viola odorata*）和姜（*Zingiber officinale*）。

## 饮品用香草

无论是在茶里还是烈酒中，香草都非常适合用来浸泡和制作饮品。可以尝试使用薄荷、橙香木、百里香、茴香、果香菊（*Chamaemelum nobile*）、香蜂花（*Melissa officinalis*）、玫瑰和西洋接骨木。详见第60~61页的《专题4：花草茶》以及第104~105页《专题9：香草鸡尾酒》的相关内容。

北葱的花朵深受蜜蜂的喜爱

## 花匠和花店用香草

香草开花后晾干也很有用，既可以保持切花的原状又能散发出好闻的气味：香蓍草（*Achillea ageratum*）、茴藿香（*Agastache foeniculum*）、橙香木、莳萝（*Anethum graveolens*）、英国薰衣草、月桂、薄荷、玫瑰、迷迭香和短舌匹菊（*Tanacetum parthenium*）。详见第54~55页《专题3：香草切花》以及第130~131页《专题12：香草花环》的相关内容。

## 野生动物喜欢的香草

几乎所有的香草都深受蜜蜂、蝴蝶和许多其他生活在花园里的野生动物的喜爱：英国薰衣草、北葱、茴香、新风轮菜（*Clinopodium nepeta*）、金盏花（*Calendula officinalis*）、薄荷、神香草（*Hyssopus officinalis*）、牛至、香蜂花、玫瑰、西洋接骨木、香堇菜、旱金莲（*Tropaeolum majus*）和异株荨麻（*Urtica dioica*）。

## 易打理的香草

栽种香草的过程非常简单——只需要给它们光照、水、养分和生长的空间就可以了，不过有些品种要比其他的难养些，对于新手来说，最好先从耐寒、适应性强的香草养起。幸好，许多香草都是可靠的花园壮士，因而有众多品种可供挑选。

### 成功的秘诀

栽种时，选择适合现有生长环境的香草。一定要保证选种的香草适合当地的气候——本书中的部分香草完全耐寒，有些则不抗冻，还有一些需要全年处于温暖的条件下养护。对于某些热带香草而言，湿度和光照水平也需要考虑在内。

刚开始先种 1~2 种香草，再逐渐形成香草花园，这样可以效仿前面成功的经验，不至于因为好高骛远而承受失败的打击。

### 适合在窗台花盆里养护的香草

可以尝试栽种百里香、尖辣椒、罗勒、薄荷、欧芹和香叶天竺葵。

### 适合在户外大花盆里养护的香草

可以选择薄荷、牛至、百里香、迷迭香、英国薰衣草、月桂、旱金莲、金盏花、香堇菜、北葱、橙香木和欧芹。

### 适合地栽的香草

可以栽种北葱、迷迭香、英国薰衣草、月桂、牛至、旱金莲、金盏花、香堇菜、玻璃苣（*Borago officinalis*）、茴香、香蜂花、鼠尾草、西洋接骨木、异株荨麻、百里香和酸模。

### 设备

开始种植和打理香草花园其实不需要什么设备。如果预算紧张，大部分设备都可以先用厨房用具改装。

### 基础工具

- 小号的长细嘴浇水壶，可以直接浇灌室内香草的基部
- 大一些的莲蓬式浇水壶，用来浇灌户

香草可以按照几何图案生长，也可以种成一行

许多不同的香草可以混种在一个大花盆里

外的香草
· 旁路剪
· 长柄铲
· 长柄耙
· 铁锹
· 园艺叉
· 耙子
· 堆肥土——盆栽时使用，也可以覆盖苗圃和花境
· 肥料——控释颗粒肥与堆肥土混合使用或者是将液肥用水稀释后浇在植物上

## 其他工具

· 浇花用的水管
· 手锯
· 竹竿或其他支撑物
· 柔软的园艺麻线 / 绳
· 标签——用来辨认播下的种子或者识别香草花园里不同的香草品种
· 播种盘和小花盆
· 加热培育箱——用来栽培尖辣椒
· 喷雾器
· 手套

## 土壤、环境和整地

要想让新种的香草旺盛生长，需要把它们种在最适合的地方——能满足香草对土壤、光照水平、遮蔽物和温度的所有需求。这并不是说香草在其他地方不能生长，在某种程度上可以适当放宽其中的一种或几种条件，让香草来适应花园。可以把不那么耐寒的香草种在它并不是很喜欢的、较冷的地方，冬季用园艺用羊毛等包裹做好保护即可。

花园土壤中决定香草种植成败的主要因素是土壤的类型和排水性。pH值——衡量土壤酸碱度的指标——也会影响香草的生长，不过通常仅在极端情况下才会有所表现（pH 值超出 6~7.5 的范围），大部分花园的园土都适合栽种绝大多数的香草。土壤类型指的是土壤的主要组成部分，是黏土、壤土还是沙土。总的来说，和排水速度较快的沙土相比，黏土具有较好的保水性和贮存养分的能力，但干旱时会开裂，春季升温慢。理想的土壤是 3 种土壤类型保持均衡，再额外添加适量的有机物（堆肥土或充分腐熟的粪肥），这样既可以维持土壤生态系统的健康均衡，又能很好地保水和存留养分。所有的土壤都可以通过一年一次或一年两次覆盖有机物护根的方式来改善，随后，蠕虫和其他生物会将有机物融合到土壤中。

对于香草花园来说，何为最佳的土

用木箱栽种香草既漂亮又实用

壤和种植条件取决于所要栽种的香草类型。要想让地中海香草长出香气浓郁的叶片，就需要把它们种在炎热、阳光充足、排水良好的地方（例如迷迭香、英国薰衣草和百里香）；其他香草则更喜欢阴凉潮湿的土壤环境［例如薄荷、聚合草（*Symphytum officinale*）和野韭菜］。选择地栽最适合自家花园环境的香草，可以考虑把其他喜欢的类型种在花盆里。

### 种植前先整地

在一块新地上栽种香草前，要先彻底翻地，去除所有的杂草（包括根系）和大块的石头，然后覆盖厚厚的一层充分腐熟的有机物。用园艺叉把有机物和土壤混合在一起，拖着脚在上面走一走（但不要将土踩实）。用耙子把土壤整平，这样土地就整好了。将所有的仍在花盆里的香草摆好，如果需要可以趁机调整设计，然后栽种，最后用耙子清理掉脚印。

### 多年生香草

这类香草可以生长很多年。尽管有灌木和乔木之分，为木质茎，不过“多年生”这个术语通常还是用来指多年生草本植物（或非木本）和一些半灌木。

多年生香草是其中最易成活的类型，基本不需要什么养护，也没有快速生长的一年生肉质茎植物那么多的麻烦。这类香草多为常绿型——全年都可以保留住叶片，或者大部分的叶片，比如香堇菜；或者像草本植物那样，叶片和茎秋季时枯萎，但根系活着，等到来年春季会再次抽出新芽。属于多年生草本植物的香草有薄荷、香蜂花、欧当归（*Levisticum officinale*）、北葱、茴香和酸模。

### 购买

在园艺商店、苗圃或其他店铺里购买香草时，一定要从盆里把香草取出来，检查一下根系是否健康，最好每棵香草都已经很好地发根但还不是根满盆

小型的升高植床为种植香草提供了一方完美的土地

充分浇灌新种下的香草，直到它们彻底生根服盆为止

的状态；此外还要有健康的枝叶。如果所购买的香草处于生长期，你需要检查它的健康状况，并加以确定，可以通过闻嗅叶片来选择最优的栽培品种等。不过，通常冬季购买香草会比较便宜。

## 栽种

多年生香草最好在春秋两季栽种，此时的土壤温暖而湿润。整好土地，栽种前先给地里浇好水。种植时，挖出足够大的坑，但不要超过花盆的深度，把香草从盆中取出，放入坑里。在周围填土，将根球固定在土壤中，浇透水。

## 养护

提前为高的植物做好支撑——豌豆支架、金属线圈、木桩等，如果需要，整个生长季都要绑好。大多数多年生香草开花后（此时会长得有些散乱）经过修剪会长得更好，会长出新的枝叶。多年生草本植物可以在秋季时剪掉老茎（防止自播），也可以在冬末进行（可为野生动物提供越冬的食物和庇护）。

## 灌木和乔木

长成灌木和乔木的香草在大花园里不需要做什么限制性处理，其中有些非常适合种在大的花盆里，许多幼龄期的香草甚至还能放在窗台上，柠檬（*Citrus × limon*）、迷迭香、橙香木、月桂、英国薰衣草和香桃木（*Myrtus communis*）就是这种类型。不过，在较为温暖的气候下生长的灌木，如玫瑰、西洋接骨木和肉豆蔻（*Myristica fragrans*），必须地栽或者种在很大的升高植床中，为它们预留大量的空间。攀缘植物，如胡椒（*Piper nigrum*），则可以适应室内环境。事实上，在温带气候条件下，许多香草都需要温室、大的玻璃屋或暖房为它们提供额外的热量，不过栽种前一定要考虑到这些香草生长的最大高度。

## 购买

一些灌木和乔木可以买裸根的，即根系周围不带土也没有盆，休眠期时有售。裸根植物通常要比盆栽的类型便宜不少，不过只有冬季才能买到。这类植物也会“带着土球”售卖，即刚刚从地里挖出，销售前用粗麻布将根系和周围少量的土壤或堆肥土裹好。购买盆栽香草前，应该把香草从盆中取出，看看根系是否健康，评判的标准和多年生香草一样（详见“购买”，第 13 页）。

购买前要检查植物——每棵都最好已经生根但不是根满盆的状态

## 栽种

灌木和乔木会在地里生长很长时间，因此栽种前有必要尽可能把地整好。挖一个大坑，宽度为花盆顶部、土球大小或者是展开裸根（在根变成茎的那个点以下部分）的1.5~2倍。若栽种的是已经超过1.5米的乔木，或者是需要支撑物的攀缘植物，种之前需要先放好木桩或框架。耙一耙坑的底部，不要让土地太瓷实，同时需要除掉周围所有的杂草。若使用容器栽培，需要在里面填上一部分多用途混合肥料。

栽种时要让张开的根系与土壤（或堆肥土）表面保持水平。如有必要，可以先用土铺满盆底，使植物达到合适的高度再在根系周围填土。用脚后跟（盆栽植物则用手）将根系周围的土壤压实，确保土壤能很好地固定住根系，然后给植物浇水定根。

## 养护

头几个月要持续为新栽的乔木和灌木好好浇水，直到它们完全定根，之后就可以根据需要浇水了。每年在植物的基部周围覆盖堆肥土（但不要接触到茎），这些是植物需要的所有肥料。盆栽植物若在生长季加一些液肥会长得更好，且每年都需要换盆。

## 一年生和二年生香草

一年生植物是指从种子开始生长、开花和结子，然后在一个生长季里死亡。二年生植物需要经历两个生长季来完成整个生命周期，第一年仅长枝叶，在第二年的春季或夏季开花，随后死亡。罗勒、莳萝、玻璃苣、紫苏（*Perilla frutescens*）、园圃塔花和旱金莲都是一年生香草的代表；二年生的香草有欧芹和葛缕子（*Carum carvi*）。还有一些多年生的植物，因为生长在温带或者为了收获最佳状态的香草，会按照一年生植物养护，比如尖辣椒和菊苣。

一年生香草好养，适合种植新手，

定期剪下香草用来烹饪，可以帮助保持灌木植株的大小

月桂树可以长得非常大，也可以限制它的生长，修整成标准大小

因为栽种这类植物不需要投入很长的时间也不需要多大的地方，通常还更便宜。它们在很短的时间就能长出很多的枝叶，不久就能填满花园，可以在较大的多年生香草还没长好前作为园子里的填缝植物。

## 购买

可以根据一年生和二年生香草的不同类型，选择购买种子或幼苗。若买的是种子，要检查它们是否仍在“播种日期”内，这样才能确保存活和生长。幼苗则需要健康，没有害虫或疾病的迹象。一定要购买矮小结实的植株，随着生长，它们的形状会更好看，成熟后也更健康，千万不要买过高和茎部细长的类型。绝对不要购买已经开过花的一年生香草，它们结不出什么东西而且很快就会死掉。

你可以购买超大盆的香草，这是栽种一年生香草物美价廉的方式。通常，这样一盆香草是把好多种子播在同一个花盆里。买回家后好好为它们浇水，然后换盆。用小刀或用手梳理土球，把幼苗分成 4 组或 5 组。每组单独栽种，给它们额外的空间，和挤在原盆里相比，这样香草会长得大得多、好得多。

## 播种

现在种子的包装上面会提供详细的播种资料：包括一年中播种的最佳时期，如何做好保护以及播种的深度等。总的来说，一般可以在春季土壤开始变暖时播种（二年生植物通常在生长季后期播种），播种的深度为种子大小的两倍。

此外，种子可以播在花盆或托盘里，放在窗台上或者温暖、阳光充足的地方，长成幼苗后先盆栽再地栽。最简单的方法是使用独立小格的育苗盘或者是以再生环保纸自制的花盆。在每个小格子或花盆里填上堆肥土，播种后长成“塞子苗”。每棵幼苗可以连同土球一起从育苗盘里取出，在极少干扰根系的情况下，轻松地移入大一些的花盆里或者地栽。

## 微叶

有些一年生香草（还有少数几种多年生的类型）播种后在“微叶”时就能收获——由种子长出的小小的第一或第二片叶子，味道浓郁，富含养分。准备一个浅盘，铺上盆栽用土，在整个表面撒上种子，再薄薄地覆盖一层盆栽

微叶香草很容易栽培，可以在很小的空间里种出味道浓郁的香草

用土。用莲蓬式浇水壶浇水，或者用喷雾器彻底喷湿土壤。一旦幼苗长到了理想的大小，就剪掉叶子，倒掉盆土。全年都可以用种子培育的微叶香草有罗勒、旱金莲、胡卢巴（*Trigonella foenum-graecum*）、北葱、莳萝、芫荽（*Coriandrum sativum*）、茴香和欧芹。

## 栽种

在室内养护的植物，无论是从种子生发的幼苗还是塞子苗，最好都能经受寒冷，从而变得更耐寒。让植物慢慢地适应较为寒冷的环境，可以确保它们不至于遭受生理性休克，阻碍生长。要增强植物的抗寒性，可以在足够温暖且没有霜冻风险的时候把花盆或育苗盘里的植物拿到户外，不过在开始的头 3 天或 4 天的夜间要挪入室内。随后可以将植物放在室外过夜，开始几晚可以覆盖报纸或园艺用羊毛，之后就可以户外地栽且不做任何覆盖了。二年生植物通常在夏末或初秋时做户外地栽。

处理幼龄植物时，一定要拿着叶片或根系的土球，绝对不能提着娇嫩的茎，这样很容易折断，继而害死植物。要保证植物周围的土壤或堆肥土与朝向根系方向的新芽保持水平，然后压实根系周围的土壤或堆肥土，但注意不要使劲向下按压植物的基部周围，这样会弄断根系。

## 养护

对一年生和二年生香草做掐尖处理，可以使它们长得更加浓密，收获更多的叶片和花朵。幼苗长出几对叶片时就可以掐尖，可以边长边继续这么操作。开花前掐掉花芽，可以使观叶植物的收获期再延长几周（例如，罗勒的叶片在开花后会变老而嚼不烂）。在生长季结束时移除枯死的植株。

## 户外地栽的香草

和盆栽相比，大部分地栽的香草长势更好，收获甚佳。地栽让根系有更多

像聚合草这样的一年生香草可以在花园里自播

窗槛花箱和花盆非常适合栽种一年生和二年生香草

的生长空间，同时温度和湿度水平的变化也趋于稳定。罗勒是个例外，更喜欢温暖的窗台。虽然罗勒在温和的夏日，户外地栽也能快乐地生长，不过生长条件稍冷一点时叶片就会变厚变硬。在窗台上生长的罗勒叶片非常鲜嫩，像纸一般纤薄，搭配比萨和沙拉极好。

## 在花园里种植香草

香草的外形、花朵和结构多样，可以融入任何风格的花园。茴香和欧白芷可以为草本花境锦上添花，增加优雅的高度和趣味盎然的种子头。英国薰衣草、美国薄荷（*Monarda didyma*）、神香草、欧当归、茉莉芹和牛至会给花境带来色彩和枝叶，像紫色品种的西洋接骨木和美国蜡梅等植物经常被评为“花园中的优等生”，完全是出于它们的观赏价值。香草还可以取代一年生夏令花草，像紫苏、罗勒、玻璃苣、金盏花和莳萝，在增添季节性色彩的同时，还可以收获叶片。

香草和蔬菜是菜地里金不换的绝佳伴侣

## 在菜地里种植香草

在菜地里种植香草时，最好把一年生香草、多年生香草还有蔬菜按照类别栽种，这样一年生香草在生长季结束时被移除以及春季新栽时不会干扰到多年生植物的根系。香草会使菜园受益，它们可以吸引传粉昆虫以及菜园害虫的捕食者，比如瓢虫和酷爱吃蚜虫的食蚜蝇幼虫。种在蔬菜之间的香草还可以作为伴生植物帮上大忙，例如罗勒可以掩盖胡萝卜的气味，让胡萝卜茎蝇找不到胡萝卜在哪儿。香草可以作为菜园高产的缘饰植物（详见对页“缘饰和小径”的内容）。最后，看在居家做饭的人在雨中慌忙寻找食材的分上，还是把所有的香草和蔬菜都种在一个地方吧。

## 一小片香草地

在一小片土地上随意地种上各种各样的香草真是件令人着迷的事。把最高的香草种在后面或者四面八方都能看到的花坛中间，再根据不同的高度打造出层次感，最矮的植物种在最前面或者绕着花坛的边缘栽种。一片小小的香草地可以有个主题，例如烹饪用香草或者切花香草，或者干脆就来个最爱香草大集合。

## 精心布置的香草园

香草通常会在精心布置的香草园中展示出最佳状态，形态各异的香草意味着既可以排列成行又可以在几何图案中形成起伏的造型。精心布置的香草园可以从伊丽莎白时期的结节园中寻找灵感，也可以从 17 至 19 世纪的宫殿和住宅中富有欧洲大陆风格的菜园花圃中得到启发，或者创造出一种更为现代的外观——狭窄的花坛里栽种着一行一行彼此间高低交错的相同植物。这类香草园通常最适合运用重复排列或者几何图案、中心装饰（比如林木造型或雕塑），以及大量一样的香草来使整体的设计协调统一。小小的一块精心布置的香草园看上去就非常棒（可能是一处前花园）。不过，这类香草园会使用大量同样的香草构建树篱和重复的图案；如果想要在这样的香草园中收获各式各样的香草，从空间的角度来讲是非常奢侈了。

## 缘饰和小径

无论是规整紧凑的花坛缘饰，还是菜园或精心布置的香草园，都可以栽种轻松就能修剪整齐和设计造型的香草，比如英国薰衣草、迷迭香、百里香、香桃木。随意些的树篱和缘饰可以使用北葱、玫瑰、欧芹、金盏花和多蕊地榆（*Sanguisorba minor*）。

匍匐和矮生香草，比如匍匐生长的百里香和果香菊，种在边缘（或者不连续地沿着小径的长度栽种来代替铺路石），不加限制任其往中间蔓延，便可以形成漂亮且香气宜人的随意小径。要保持路面的坚硬，只要根据需求修剪即可，在香草间露出高低起伏的小径。

## 设计时需要考虑的其他因素

在为花园选择香草植物时，一定要考虑到这块空间的其他使用者。孩子和宠物可能会触摸或误食，恐怕有潜在的危害；带刺的植物也可能导致受伤。如果所种的香草是要收获的，就一定要让它们远离潜在的污染源和致污物，比如远离路边和喷洒过化学药品的土地。

## 蔓延的香草

尽管有些香草在花园中是必不可少的，不过它们的蔓延速度惊人，一旦栽

如果空间有限，可以考虑将香草种在一套垂直的容器里

香堇菜会在树下的土地里愉快地克隆自己，还会抑制那里杂草的生长

种便很难彻底从土地中根除。由此，这类香草便成了盆栽的首选，薄荷就是其中最典型的例子。为薄荷准备尽可能大的花盆，要确保盆土始终潮湿。一旦匍匐茎（地上根）开始蔓延并长出花盆顶部之外，就需要掐掉边缘。这种方法适用于在花坛里种植蔓延类香草——种在花盆里，在土壤表面以上只留出花盆的边（最好是塑料花盆），这样可以轻易地掐掉匍匐茎。

要收获蔓延类香草的根［例如，辣根（*Armoracia rusticana*）和药用蒲公英（*Taraxacum officinale*）］，也可以采用盆栽的方式，不过每个花盆必须足够深且底部抬高，方便定期查看下面穿透铺料伸出的根。

## 盆栽香草

即便是大花园，盆栽香草也还是有许多其他的优势：可以隔离不同种类的香草；可以控制类似薄荷这样容易泛滥成灾的香草；冬季可以轻松地把不耐寒的香草挪入室内避寒，等到春季再移到户外做耐寒锻炼；热带香草可以在室内养护；让一年生香草不会干扰到花境中多年生植物的生长；可以把香草放在座椅或沙发的旁边，最大限度地亲近并享受它们的芬芳；香草植物还具有美学效果，比如可以在门口的两边各放一棵修整成形的月桂树。适合户外盆栽的香草有罗勒、月桂、橙香木、薄荷、英国薰衣草、迷迭香、辣根、尖辣椒、芫荽、番红花、柠檬草（*Cymbopogon citratus*）、牛至、甘牛至、欧芹、香叶天竺葵、百里香、药用蒲公英和旱金莲。

把盆栽的香草放在一起，天气热时可以减少水分流失，大风天气可以避免风害损伤

## 容器的选择

总的来说，最好使用尽可能大的容器来种植香草，为栽种其中的植物根系提供最大的空间。不过，幼苗在大盆里会烂根，需要先种在小花盆里，逐年生长，每年换盆，连续换 3~4 年，大到能够栽入最终的花盆里为止。

所有的容器都必须带有排水孔，底部最好有“脚”，让花盆与地面之间形成一定的空隙来帮助排水。赤陶和木制容器的水分流失比塑料和金属的要快，金属容器（如果是直射光的话）在炎夏会“灼烧”香草植物的根系。

## 盆土和栽种

大部分的香草在多用途无泥炭的盆土中都能旺盛生长。如果你家的香草

喜欢排水良好的环境，可以在盆土中掺一些沙砾。盆栽和地栽采用的方式一样（详见“栽种”，第14页）。在一个花盆里混种不同的香草时——比如在标准大小的月桂树周围种下外观状似地毯的成片果香菊，或者在一个花盆里混种一些一年生香草，一定要考虑到这些香草的高度和蔓延的程度。花盆里香草越多，对浇水和施肥的需求也就越大。

## 在室内养护香草

适合室内养护的盆栽香草有尖辣椒、柠檬草、香叶天竺葵、姜黄（*Curcuma longa*）、姜、胡椒和橙香木。

在户外盆栽香草的方法同样适用于室内香草的盆栽养护——给植物充足的空间，适当的水和肥。室内养护时，要考虑到光照水平（可能需要时不时地转动花盆来避免香草朝光斜向生长），以及室温是否符合植物的需求。要时常检查是否有病虫害，每年换盆。

一些多年生草本香草到了冬季可以挪入室内继续生长。夏末时只需要从薄荷或北葱的原株上取下一部分——确保合适的根芽比——栽入盛有新鲜盆土的花盆中即可。将容器放在阳光充足、温暖的窗台上。就算当年户外香草的叶片已经凋落枯死，室内养护的香草枝叶仍会一直存留。

## 盆栽香草的养护

通常盆土中的肥料会在大约6个月内耗尽，因此需要在生长季为植物提供其他类型的养分，包括在盆土表面混入控释颗粒肥或者施加液肥，不管是哪种方式，都要按照包装上的说明添加正确的剂量，过量的肥料会对植物造成毒害。

每年都把植物从花盆中取出，尽可能多地掸掉老的盆土，重新种在新鲜的盆土中，这样做会让植物大大受益，健康生长。

香草可以随意地种在其他植物间，像这座蔬菜园一样

把香草一起整齐地种在边缘处，养护起来更加轻松方便

# 香草

# 香蓍草

*Achillea ageratum*，也叫西洋蓍草、甜蜜的南希

| | |
|---|---|
| 科 | 菊科（Asteraceae） |
| 高度 | 30~45厘米 |
| 蓬径 | 30厘米 |
| 耐寒性 | 耐寒区7 |

阿喀琉斯（Achilles）用蓍草（*A.millefolium*）包扎好战场上的伤口后，就把他的名字赠予了该属植物。香蓍草具有多种医药用途，还是迷人的多年生花境植物。同时，具有芳香气味的香蓍草可以添加到其他的烹饪用香草中，它的花也深受传粉昆虫的喜爱。

## 如何使用

香蓍草的叶片可以单独使用，切碎后撒在土豆和米饭上，或者加到意大利面食里。香蓍草也很适合与其他香草混合使用，可以用来腌制鸡肉和鱼肉，或者放在汤和炖菜里。

## 如何栽种

种在开阔、阳光充足的地方，在没有遮挡的情况下需要为高茎做好支撑。香蓍草可以耐受大多数的土壤，不过它更喜欢排水良好的地方。开花后剪短至地面高度，以促成茎的二次生长，到了冬末再修剪一次，去除顶部枯死的部分。

## 如何采收

根据需要收集叶片；可以把新鲜的单个叶片冷冻起来。开花和带叶的茎可以切下来倒挂晾干。

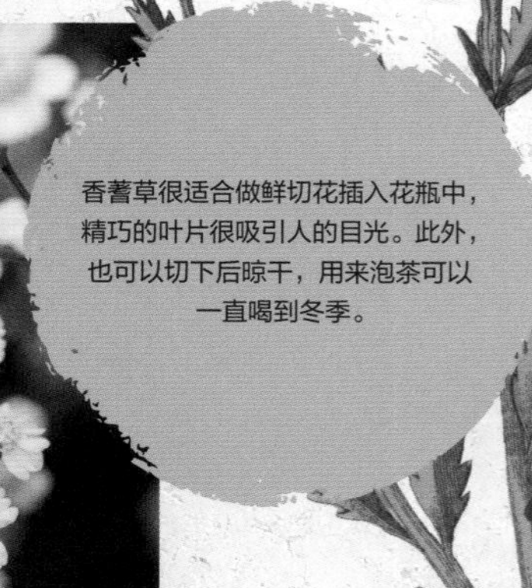

香蓍草很适合做鲜切花插入花瓶中，精巧的叶片很吸引人的目光。此外，也可以切下后晾干，用来泡茶可以一直喝到冬季。

# 桂圆菊

*Acmella oleracea*，也叫电雏菊、牙痛植物

| 科 | 菊科 |
| --- | --- |
| 高度 | 40~70厘米 |
| 蓬径 | 40~70厘米 |
| 耐寒性 | 耐寒区 2 |

这种一年生植物大部分是为了猎奇和令到访花园的人吃惊而栽种的。咬一下花头，嘴里会产生电击感和嘶嘶声，随后会有麻痹感，由此证明了为什么桂圆菊会被人们称作电雏菊和牙痛植物。这种感觉是千日菊素导致的，这是该植物中的一种化学成分，它还可以作为杀虫剂使用。

## 如何使用

未经加工的叶片和花头可以直接吃，不过目前食用该植物的安全数据有限，你可以尝一尝，但不要作为食材使用。

## 如何栽种

全日照和排水良好的土壤最适合桂圆菊生长，可以地栽或者种在大花盆里，最好放在温室里养护。秋季去除枯死的植株，春季播下新种。

## 如何采收

根据需要采摘叶片和花朵，趁新鲜使用。

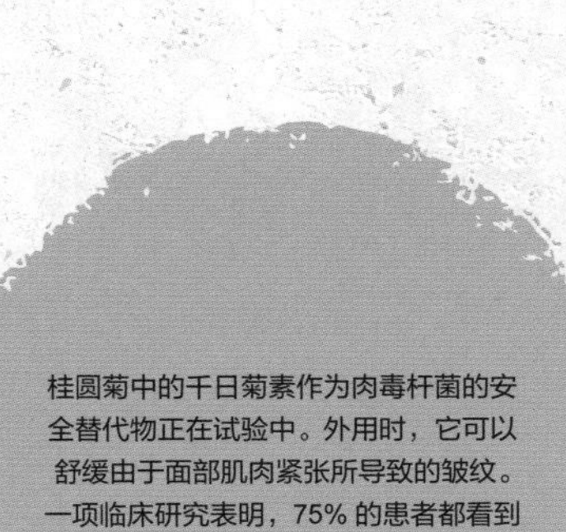

桂圆菊中的千日菊素作为肉毒杆菌的安全替代物正在试验中。外用时，它可以舒缓由于面部肌肉紧张所导致的皱纹。一项临床研究表明，75% 的患者都看到了第一次使用后隔天所产生的平滑效果。

# 茴藿香

*Agastache foeniculum*

| 科 | 唇形科（Lamiaceae） |
| --- | --- |
| 高度 | 45~60厘米 |
| 蓬径 | 30厘米 |
| 耐寒性 | 耐寒区 3 |

茴藿香淡紫色花朵组成的高高的穗状花序可以持续数周，是吸引蜜蜂、蝴蝶和园丁的迷人的花园植物。用纯茴藿香花蜜制成的蜂蜜有一缕淡淡的茴芹子的味道。

## 如何使用

茴藿香的叶片可以直接放入沙拉里，或者泡成香甜的茶，花朵可以放进沙拉、果盘和饮品中。

## 如何栽种

茴藿香在全日照和水分充足的肥沃土壤中会旺盛生长（不过茴藿香对环境的要求比其他藿香属的植物宽容一些）。在温度可能会低于 -5℃的地方要用园艺用羊毛或其他覆盖物覆盖，或者种在大花盆里，可以挪入无暖气的温室避寒。春末时剪掉枯死的茎。茴藿香的寿命较短，最好分株或扦插繁殖。

## 如何采收

根据需要采收叶片，或者将新鲜的叶片单独冷冻。开花和带叶的茎可以切下来，倒挂晾干后存放起来。

美洲原住民使用茴藿香的叶片治疗支气管疾病，也将其用于烹饪。

# 北葱

*Allium schoenoprasum*

| 科 | 葱科（Alliaceae） |
| --- | --- |
| 高度 | 10~60厘米 |
| 蓬径 | 30厘米 |
| 耐寒性 | 耐寒区6 |

北葱是香草园的基本款，青草般的外形为花坛增添了不同的质感和鲜活的绿色。北葱在容器里也能生长得很好。可以栽种白花北葱（*A. schoenoprasum* f. *albiflorum*）。

## 如何使用

北葱的新叶于初春时节开始生长，非常适合与土豆、奶酪和鸡蛋搭配食用。花朵部分也能食用，比葱叶的洋葱味稍淡一些。

## 如何栽种

北葱比其他香草更能耐受半阴和较为湿润的土壤环境，且长势茂盛，在阳光充足的干燥处也能很好地生长。开花后修剪至地面高度（如果不修剪会木质化），刺激新叶生长的同时还能避免自播。秋季待葱叶枯萎后再修剪一次。较小的盆栽分株可以留在室内越冬以延长采收时间。春季时为大簇的北葱分株。

## 如何采收

根据需要采收葱叶和花朵。

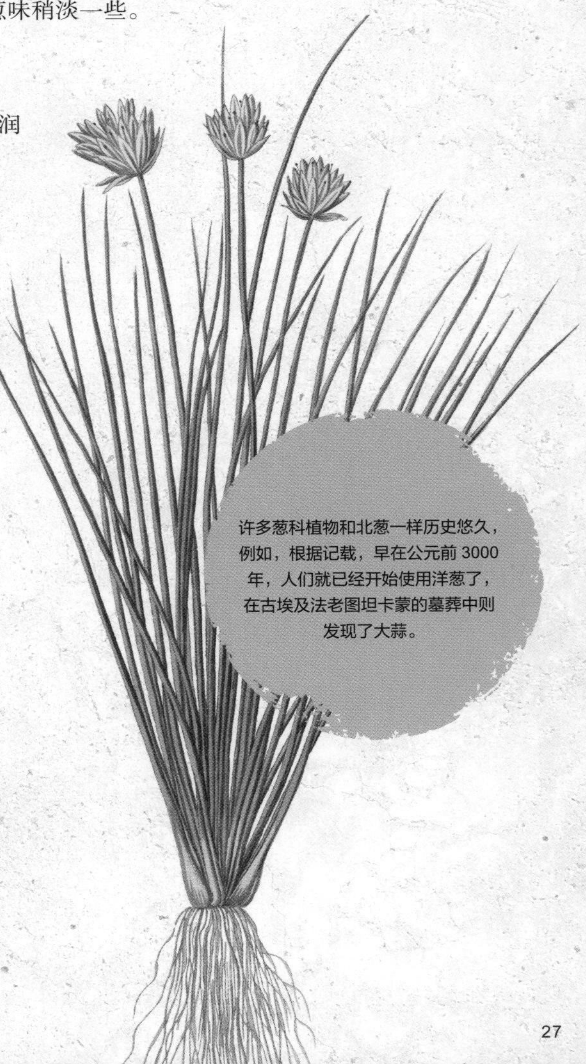

许多葱科植物和北葱一样历史悠久，例如，根据记载，早在公元前3000年，人们就已经开始使用洋葱了，在古埃及法老图坦卡蒙的墓葬中则发现了大蒜。

### 葱科

葱科由大约700个品种组成，是已知的最古老的栽培植物。有洋葱、青葱、大蒜、韭葱和北葱这样以味道著称的品种，也有许多的观赏葱，比如波斯葱（*A. cristophii*），都有着硕大的、布满星星般的花头和富有装饰性的种子头。

# 专题 1：垂直的香草花园

垂直花园可以为极小的花园和住所带来动人的绿植和香气，其最理想的搭配是室内外的篱笆或阳光充足的墙壁——可以小到只是一个单独装好的花盆，也可以大到整面墙或整个篱笆。大多数专门的垂直花园都会提供在墙上固定花盆的工具，或者由织物袋构成。不过，自己只需要稍稍动手，就能建造出排水槽或托盘花园，甚至更多。

最适合垂直花园的植物，在某种程度上取决于这座花园主人的喜好。一般来说，给到植物根系的空间越小，植物的耐旱性就需要越强。小型灌木植物，如百里香（详见第 124 页）和果香菊（详见第 52 页）都非常适合种在种植袋里（详见对页），而花盆则可以用来养较大的蔓生植物或直立植物。一年生植物适合所有类型的花盆，如金盏花（详见第 45 页）、尖辣椒（详见第 47 页）、罗勒（详见第 90 页）和旱金莲（详见第 129 页）；薄荷（详见第 80 页）、香蜂花（详见第 79 页）以及柠檬草（详见第 64 页）等多年生植物在较小的时候也适合种在花盆里，不过随着生长变大变老后需要换盆或分株。

创建垂直花园时，要考虑到各种植物的相对高度和生长习性——是多叶的还是蔓生的？然后照着栽种即可。例如，在一套种植袋里，最好把各种各样的多叶植物种在一起，打造出一片完整的“绿墙”。还可以考虑最后添加一些修饰——用一个旧画框围住植物就很出彩，也可以用刷上黑板漆的平面相框来标记植物。

经常采收香草有助于保持垂直花园的大小。定期检查堆肥土，看看需不需要浇水。浇灌香草时要非常小心，注意不要把水和堆肥土溅到墙上和地上：要等前面浇的水渗下去了之后再浇。或者，对于较大的种植墙来说，可以考虑安装滴灌系统。春夏两季时，每个月给植物施点液肥，可以让它们保持健康。

1 将种植袋在墙上或篱笆上固定好之后，在每个口袋的底部填上盆栽混合堆肥土。

2 把香草（图中为不同品种的百里香和果香菊）放置在口袋中，检查每个根球的顶部，不要放得太高、离袋口太近。

3 往每个口袋里填堆肥土来固定根球。

4 浇水时，要一点一点地浇，避免水和土溢出袋口边缘。

# 韭

*Allium tuberosum*，也叫中国韭菜

韭的叶片较扁，线条感更强，一眼就可以和北葱区别开来。夏末会开出白花，比北葱开花要晚一些，拉长了香草园的观赏期。

科　葱科

高度　50厘米

蓬径　40厘米

耐寒性　耐寒区 5

## 如何使用

可以把韭叶、花蕾和花朵放在沙拉、奶酪菜肴、汤羹和炒菜里，注意不要煮过头。韭菜子可以发芽，未成熟或成熟都可采收，成熟干燥的韭菜子可以榨油。

## 如何栽种

韭比其他香草更能耐受半阴和较为湿润的土壤环境，长势很好，在阳光充足的干燥处也能茁壮生长。秋季时将枯萎的韭叶修剪至地面高度。较小的盆栽分株可以留在室内越冬以延长采收时间。春季时分离大簇的韭。

## 如何采收

根据需要采收叶和花，趁新鲜采收韭菜子，或者在种子头上系个袋子收集成熟的种子（详见《专题 5：收集种子和茴香花粉》，第 68 页）。

这种带着淡淡蒜味的晚季韭可以放在沙拉、煎蛋卷、三明治和奶油干酪中食用。

# 野韭菜

*Allium ursinum*，也叫熊葱、熊蒜

科　葱科

高度　40厘米

蓬径　30厘米

耐寒性　耐寒区 7

野韭菜在花园里背阴、潮湿的地方很容易栽培，会在可谓寸草不生的地方茂盛生长，但如果不加控制的话，是会泛滥成灾的。

## 如何使用

整个韭叶，焯过的或新鲜的，都可以为鸡蛋、鸡肉、米饭和意大利面食增添香味。野韭菜还可以用来制作青酱（详见《专题 8：嘿，青酱！》，第 94 页）。

## 如何栽种

像球根植物那样“趁绿”栽种或播种，选择潮湿背阴且富含腐殖质的湿润土壤。初夏时剪掉枯死的叶片，移除种子头防止野蛮生长（鳞茎也会在地下繁殖，不过速度会慢很多，而且会主要集中在种植区域）。

## 如何采收

根据需要采收野韭菜叶，确保每株植物上保留些许叶片以便进一步生长。

春季，很容易在林地中找到野韭菜，空气中会弥漫着浓郁的韭香。

# 橙香木

*Aloysia citriodora*

橙香木是终极版柠檬香味香草。略微粗糙的细长叶片只需要轻刷就能释放出醉人的芳香，精巧的白色小花则是盆栽或花境中迷人的存在。

## 如何使用

叶片最好用来浸泡而非食用，一般要么泡茶，要么做成糖浆，还可以放在甜品、糕点和鸡尾酒中。

## 如何栽种

橙香木会在炎热、阳光充足且排水良好的地方茁壮生长，还能在这种地方愉快地过冬（为落叶灌木）。在较为寒冷的花园里，你可能需要把它种在花盆里，夏季放在阳光充足的地方，冬季挪入温室或室内。春季时修剪粗壮的茎，整体外形缩短成大约 30 厘米长。定期采收可以促发新芽并保持灌木的形状。橙香木若全年都在室内养护可能会滋生温室虫害。

## 如何采收

根据需要采收新鲜的叶片。变干的叶片收获后可以用来泡茶。

### 风味糖浆

风味糖浆的制作十分简单，做好后可以存放数周，能用在饮品和甜品中。只需要把等量的砂糖或绵白糖和水混合（例如 100 克糖兑 100 毫升水），倒入深平底锅中小火熬煮至糖完全化开。加热至锅边微微冒泡，离火，放入新鲜的草叶或花朵，搅拌。使用的香草越多，糖浆的味道就越浓。刚开始用一把糖，大约 200 克就够了，香草的量取决于香草本身味道的浓烈程度，可以多试一试。做好后盖上盖子，浸泡至少 1 小时，之后过滤装瓶，放入冰箱保存。

# 莳萝

*Anethum graveolens*

| 科 | 伞形科（Apiaceae） |
| --- | --- |
| 高度 | 90厘米 |
| 蓬径 | 20厘米 |
| 耐寒性 | 耐寒区4 |

莳萝是一种历史悠久的香草，许多古代和现代文化中都广泛地将它用于治疗疾病和解决难题上，比如治疗百日咳和施行巫术魔法等。

## 如何使用

可以把叶子切碎，加一点在鸡蛋、土豆和鱼肉的菜肴中，或者作为调味品放入蛋黄酱里，还可以与黄瓜一起腌制。莳萝淡黄色的花朵放在鲜切花的花束里十分漂亮，种子可以泡水，具有药用功效。

## 如何栽种

莳萝从种子种起非常容易。放在阳光充足的地方，使用排水良好的轻质土，莳萝可以快速地开花结子；或者放在斑点树荫下，它会短暂地延缓开花。连续不断地播种可以确保春夏两季充足的叶片供应。秋季时去除枯死的植株。可以让莳萝穿过豌豆支架成簇生长以达到支撑植株的作用，或者用木桩支撑单株植物。

## 如何采收

春夏两季可根据需要采摘茂密且边缘分成细杈的莳萝叶和花。种子可于夏季收获（详见第68页）。

请留意草本花境中的莳萝——迷人的羽毛般的叶片，高高地耸立于其他香草和多年生植物之上。莳萝的曼妙之处就在于它那飘逸的空气感和美丽的青铜色。

# 欧白芷

*Angelica archangelica*，也叫天使草、圣灵根、圣米歇尔之花

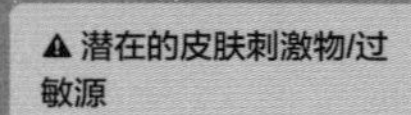

▲潜在的皮肤刺激物/过敏源

科　伞形科

高度　2米

蓬径　1米

耐寒性　耐寒区6

传说欧白芷是来自天堂的香草。一直以来欧白芷及其近缘品种都是全世界公认的滋补草药，在中世纪的欧洲则作为辟邪的植物而流行。

## 如何使用

幼嫩的茎可以用来炖煮或烘焙，为水果类菜肴增加甜度，尤其是大黄；也可以糖渍后用来装饰蛋糕或直接当糖来吃。欧白芷高茎上巨大的酸橙绿色伞状花序，让它成为香草中名副其实的观赏植物。

## 如何栽种

在土壤湿润且肥沃的条件下，从全日照至全阴，欧白芷在任何光照环境下都能生长。第二年才会开花，有些样本可能开花后就会死去，就算不死也只是寿命很短的多年生植物，所以最好按照二年生植物养护，只保留幼苗即可。

## 如何采收

春末夏初时剪下幼嫩的茎。

**《卡尔佩珀氏草药集》（*Culpeper's Herbal*）**

尼古拉斯·卡尔佩珀（Nicholas Culpeper，1616—1654）是一名内科医生兼药剂师，他按照从A~Z的顺序将所有已知的香草登记分类并且记下了这些香草在当时可能的医疗用途，他会经常不加掩饰地对现代医学表达出自己的观点。卡尔佩珀最为成功的著作《英国医生》（*The English Physician*），现在叫作《卡尔佩珀氏草药集》，是一部当之无愧的植物和草药的经典文献。在写欧白芷时，他利用这次机会将同为内科医生的伙伴比作类人猿——“尽管他们在某种程度上不是那么聪明”——并详细地阐明了欧白芷除了通过保护心脏、血液和舒缓情绪并起到抗毒效果以外，还可以对抗瘟疫和几乎所有的流行性疾病。

# 蜡叶峨参

*Anthriscus cerefolium*

| 科 | 伞形科 |
| --- | --- |
| 高度 | 60厘米 |
| 蓬径 | 30厘米 |
| 耐寒性 | 耐寒区4 |

蜡叶峨参绝对是值得让更多人熟知的香草，不仅单独享用时很美味，与别的香草混合在一起使用的时候，还具有增强其他香草风味的功效。蜡叶峨参是半阴香草花园的理想选择。

## 如何使用

新鲜的叶片可以切碎后用在任何主菜中，无论是鲜食还是在菜肴临出锅前添加，蜡叶峨参自带的茴香子和欧芹味道都会提升整道菜肴的风味。可以把切碎的叶片撒在刚做好的蔬菜上。

## 如何栽种

春季时从种子开始生长，在半阴条件下使用肥沃湿润的土壤。过度的日晒或干旱会导致蜡叶峨参结子。以连续成行的播种方式来确保定期的收成，每株植物在收割后都会数次重新发芽。用玻璃罩或塑料罩做好保护，这样冬季也能有不错的收获。移除之前的植物，每年重新播种。

## 如何采收

根据需要采摘新鲜的叶片。

**经典法香**

从奥古斯特·埃斯科菲耶（Auguste Escoffier，1846—1935）时代开始（甚至在此之前），由新鲜欧芹、法国龙蒿、北葱和蜡叶峨参叶组合在一起的经典法香（fines herbes）成了许多高级法餐的核心。用经典法香制作的传统菜肴——法式香草煎蛋卷（*omelette aux fines herbes*），不愧是享用初夏香草美味的好菜。多年以来，一直有人在挑战经典法香的搭配，不过还是最初的4种香草组合在一起才最正宗（也最好）。

# 旱芹

*Apium graveolens* var. *dulce*

| 科 | 伞形科 |
| --- | --- |
| 高度 | 30厘米 |
| 蓬径 | 30厘米 |
| 耐寒性 | 耐寒区4 |

为了和茎秆爽脆的菜芹区别开，旱芹在分类学上的不同仅体现在栽培品种的名称上。旱芹的秆较短，因为我们只吃它的叶子，可以按照切了再长的作物来对待。

## 如何使用

这款香草可以为沙拉增添淡淡的芹菜味，尤其适合放在搭配奶酪拼盘的沙拉里。茎秆也能使用，最好趁幼嫩时取用。

## 如何栽种

每年重新播种——叶片到了第二年就失去了第一年的鲜嫩口感，在半阴处使用肥沃湿润的土壤。保持土壤湿润。第一年时要去除出现的花茎（这种情况可能是干旱的结果），为了来年春季播种，之前的植物要丢掉。如果使用玻璃罩或塑料罩做好保护，冬季还能继续收获。

## 如何采收

根据需要采收叶片和茎秆。

在大约3000年前的古墓里，发现了古埃及人使用芹菜叶片制作花环的证据。

# 辣根

*Armoracia rusticana*，也叫马萝卜

科　十字花科（Brassicaceae）

高度　1米

蓬径　1米

耐寒性　耐寒区6

辣根一旦扎根便很难彻底从花园里根除，所以最好种在深盆中以免泛滥成灾。垫高花盆的“脚”或者用其他东西支撑，方便切掉底部伸出来的根，辣根很容易穿透地面甚至地下的铺料。

## 如何使用

尽管新叶可以直接生吃，或者稍微焯一下让味道变淡一些，不过种植辣根主要还是为了吃它的根，可以加工成辣根酱，尤其适合与肉类、鱼类和甜菜类菜肴一同食用。

## 如何栽种

半阴处湿润的土壤是辣根最爱的栖息地。秋季所有枯死的叶片都可以拔掉做堆肥。

## 如何采收

春夏两季采收新叶。根部在一年中的任何时间都可以收获，但秋季风味最佳。挖走根上部的20~30厘米（或者尽量从土中能挖多少就挖多少），立即使用。

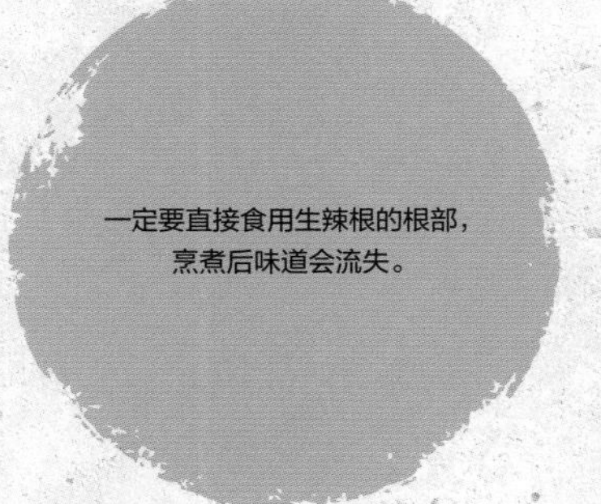

# 法国龙蒿

*Artemisia dracunculus*，也叫龙蒿、咬龙

法国龙蒿来自蒿草家族，是制作苦艾酒和味美斯酒的原料，有些蒿属植物中含有强效的化合物，和多种不同的植物组合后可以驱除昆虫、对抗疟疾和毒性咬伤（因此法国龙蒿还有个俗名叫作“咬龙”）。与更为耐寒但较尖硬的俄罗斯龙蒿（*A. dracunculus* subsp. *dracunculoides*）相比，法国龙蒿更适合用来做菜。

## 如何使用

切碎的鲜叶可以为蛋黄酱或含奶油的调味汁调味；搭配鸡肉堪称完美。法国龙蒿的叶片可以制作一种名为多罕①的甜味饮料。

## 如何栽种

种在全日照或半阴处，使用排水良好的土壤。法国龙蒿易受冬季湿冷气候的影响，因此最好盆栽，以便能及时挪入花房或室内越冬。冬末修剪至贴近地面的高度。两年后替换植物以便享受最为鲜嫩的叶片。

## 如何采收

根据需要采摘叶片（或者带叶的整根茎作为烤鸡的填料）。

① 多罕是 tarhun 的音译。龙蒿在高加索地区叫 tarhun。19 世纪末，格鲁吉亚一名药剂师在苏打水中加入高加索龙蒿的提取物和糖，取名 tarhun，风靡至今。——译者注

**“亨利八世休了阿拉贡的凯瑟琳，因为她滥用法国龙蒿。”**

不管是谁写下了上面的打油诗，都和奥格登·纳什（Ogden Nash）脱不了干系，看来国家事务和感情始终无法像“阿拉贡”（Aragon）和久负盛名的龙蒿（Tarragon，法国龙蒿的英文写作 French torragon）那般押韵和令人满意。

# 榆钱菠菜

*Atriplex hortensis*，也叫山菠菜

| 科 | 苋科（Amaranthaceae） |
| --- | --- |
| 高度 | 1米 |
| 蓬径 | 50厘米 |
| 耐寒性 | 耐寒区 2 |

如果任由榆钱菠菜结子繁殖，它们很快就会变成耕地中的杂草，但如果换个角度来看，榆钱菠菜可是比其他菠菜和其他绿叶蔬菜都更容易栽种的作物。

## 如何使用

新叶可以放在沙拉里直接生食，老叶可以焯水和煮熟，能用在任何需要菠菜的食谱里。

## 如何栽种

榆钱菠菜最好的状态和叶片出自肥沃的土壤，需要全日照或斑点树荫（尤其适合很容易晒枯的红色品种）。掐掉嫩尖（食用），促使植物紧凑茂密；一旦开始开花就从土里面拔出来。第二年春季播下新的种子长出新的榆钱菠菜。

## 如何采收

根据需要采摘叶片。

想栽种特别漂亮的榆钱菠菜，可以选择“红色”榆钱菠菜（*Atriplex hortensis*‘Rubra’），这个变种有着诱人的紫红色叶片。

# 专题 2：香草油、醋、酒和水

在厨房里，小香草起着大作用，许多不同的香草可以保存和浸在油、醋、酒和水里。所有的浸泡方法都非常简单，成品则既美味又芬芳。

## 香草油

在干净的、消过毒的瓶中倒入高品质橄榄油，顶部为香草预留出一些空间，塞入香草（迷迭香、百里香、鼠尾草、牛至，或混合其中的几种，或全部放入）。想将香草油作为礼物时，在考虑味道的同时也要注意外观。密封的瓶子应该放在阴凉干燥的地方，6 个月之内用完。

## 辣椒油

选择切半后可以放入瓶中的细或小的尖辣椒。尖辣椒越辣，辣椒油的味道就越冲。将尖辣椒纵向对半切开，塞入瓶中。将高品质橄榄油加热至大约 40℃，倒在尖辣椒上。将瓶口密封，浸泡两周，然后过滤，将油重新装瓶。可以把整根尖辣椒放入瓶中作为装饰。放在阴凉干燥的地方，6 个月之内用完，开启瓶盖后需要先取出里面的装饰用尖辣椒（有可能需要把里面的油倒出来）。

## 香草醋

在干净的、消过毒的瓶中倒入高品质苹果酒或白葡萄酒醋，顶部为香草预留出一些空间。塞入香草［法国龙蒿、茴香、百里香、北葱、欧芹、丁香蒲桃（*Syzygium aromaticum*）、姜，或混合其中的几种，或全部放入；也可以尝试使用香草的花，比如百里香的花］，轻轻摇晃后密封。在阴凉的避光处存放 1 个月，然后滤出香草，将醋重新装瓶。放在阴凉干燥的地方，一年内用完。

## 泡酒

香草和树莓、黑刺李等较为传统的水果一样，可以为酒增添风味。只需要在一瓶伏特加酒、杜松子酒或朗姆酒里放入新鲜香草的带叶小枝浸泡即可。适合泡酒的香草有百里香、迷迭香、橙香木、薄荷、英国薰衣草、罗勒、柠檬草和莳萝。几缕番红花花丝就能浸染出金黄的颜色。要制作尖辣椒伏特加酒，浸泡前先将尖辣椒纵向对半切开，浸泡 2 周后过滤。可以把整根尖辣椒放入过滤好的伏特加酒中作为装饰物。（详见第 104 页，《专题 9：香草鸡尾酒》的相关内容）

## 芳香水

将一小把新鲜或者干的香草（英国薰衣草、薄荷、柠檬草和香叶天竺葵的效果甚佳）放入 500 毫升刚烧开的沸水中，浸泡 5 分钟，然后将水过滤到瓶中。熨烫衣物时，可以作为织物喷雾剂使用，一个月内有效。

### 制作香草油

1. 将高品质橄榄油倒入干净的、消过毒的一个或多个瓶子中。
2. 选择一种或几种不同的香草，确保每种都很新鲜且没有疾病。
3. 将香草塞入瓶中，使用的香草越多，油中香草的味道就越重。
4. 密封，浸泡 2 周后使用。瓶盖开启后先取出里边的香草。

# 好国王亨利

*Blitum bonus-henricus*，也叫全都好、林肯郡芦笋

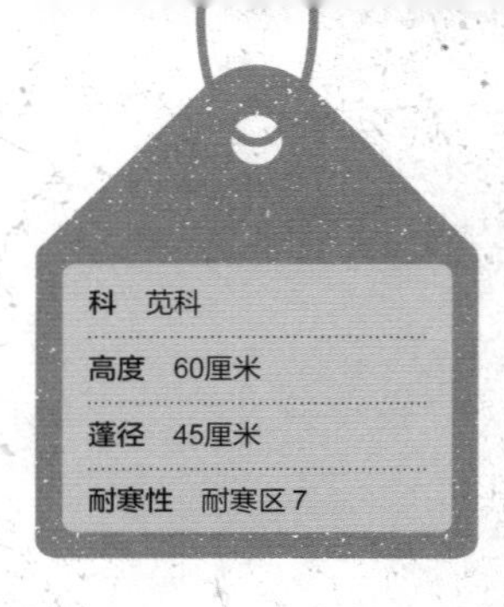


好国王亨利是常见的花园杂草藜（*Chenopodium album*）的远亲，是天然的多叶作物，或者可作为“穷人的芦笋”栽种。

## 如何使用

叶片富含铁和其他营养物质，可以生食或者像菠菜那样烹食。嫩芽和穗状花序可以焯水烫熟或者像芦笋那样快速烹调。

## 如何栽种

好国王亨利在土壤肥沃、排水良好的全日照环境下叶片长势最好，不过它其实在大多数地方都能生长。很容易分株，最好每3年将地里的植物重新更换一下。要像芦笋那样栽种的话，春季用土或者大黄生长盆器盖住长出的新芽。秋季割掉枯萎的顶部。

## 如何采收

根据需要采摘叶片和收割穗状花序。当芦笋样的植物嫩茎长至15厘米左右时取下。

“好国王亨利”这个俗名的起源已经消逝在时间的迷雾中，广泛认可的版本就是随后保留并使用的修饰语“国王”，也许是为了让这种食材更具有吸引力吧，就像菠菜得到皇室的认可那样。好亨利（Guter Heinrich）听起来很像是中世纪欧洲中部的小精灵或者喜欢帮人忙的小妖精的名字，它们喜欢待在田边或路边种有植物的矮树篱里，有可能这种植物就是因它们而命名也不一定。这个名称还有助于区分好国王亨利和坏亨利（Böser Heinrich）——一种有毒的植物。

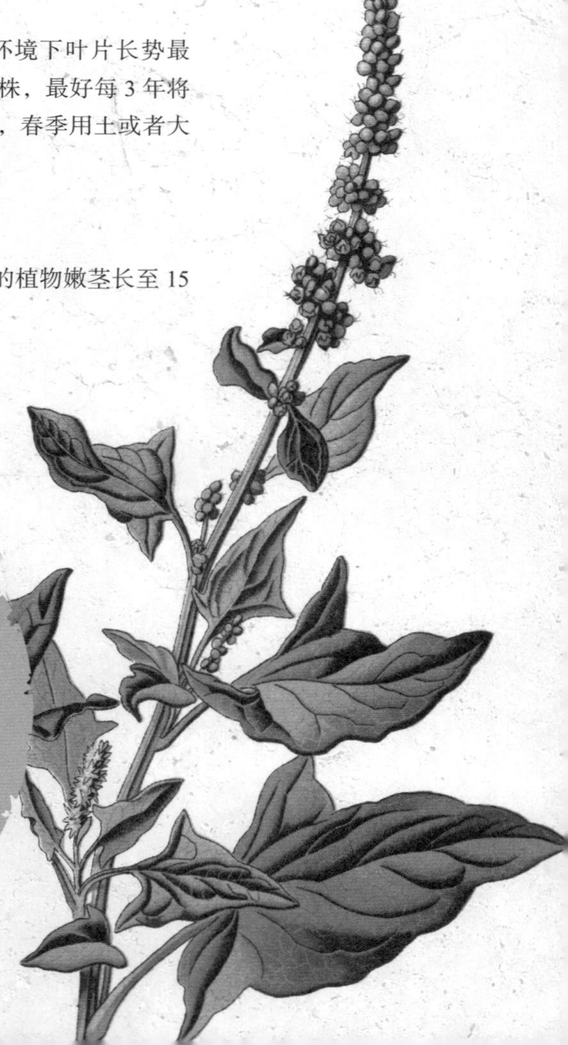

# 玻璃苣

*Borago officinalis*，也叫星星花、酷啤酒杯

⚠ 潜在的皮肤刺激物/过敏源

科　紫草科（Boraginacaea）

高度　1米

蓬径　30厘米

耐寒性　耐寒区 5

比起啤酒，玻璃苣通常更多地用来装饰类似皮姆酒等鸡尾酒，同时也是装饰饮品和食物的“酷”食材。开白花的“白花”玻璃苣（*B.officinalis* ‘Alba’）也十分迷人，略矮，60 厘米高。

## 如何使用

玻璃苣铁蓝色的花朵可以食用，有股淡淡的黄瓜味。可以用花朵来装饰饮品，还可以作为甜咸菜肴摆盘的装饰，比如沙拉和西班牙冷汤。可以把花冻在冰块里（详见《专题 9：香草鸡尾酒》，第 104 页）或制成蜜饯。嫩叶也带有黄瓜味——小毛刺会在口中化掉。

## 如何栽种

这种香草喜欢排水良好的土壤和全日照的环境，而且土壤越肥沃，玻璃苣长得就越大。为植物做好支撑，一旦长至足够高就容易倒伏。摘掉枯萎的花或者经常采摘以确保较长的花期。秋季移除枯死的植株：一旦播种或者种在花园里，玻璃苣就会快乐地自播下一季的植物。

## 如何采收

根据需要采收花朵和嫩叶。

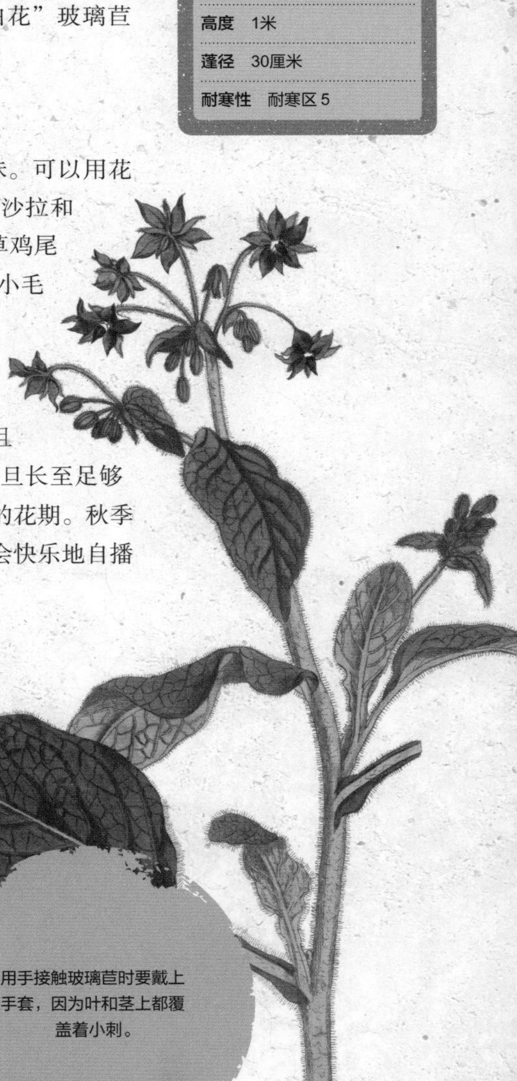

用手接触玻璃苣时要戴上手套，因为叶和茎上都覆盖着小刺。

# 芥菜

*Brassica juncea*

| | |
|---|---|
| 科 | 十字花科 |
| 高度 | 1米 |
| 蓬径 | 30厘米 |
| 耐寒性 | 耐寒区5 |

一直以来，人们都认为辛辣的芥菜可以用来治疗一些小病，尤其是寒冷气候带来的一些不适的症状。例如，足浴中利用芥菜的温热属性驱寒，是治疗感冒的传统疗法。

## 如何使用

尽管芥菜叶可以生食、焯烫、清炒或腌渍，可总的来说，商业种植主要还是为了使用芥菜子（榨油）。嫩种荚可以生吃或者加工后食用，芥菜子可以晾干后或者发芽后食用。

## 如何栽种

全日照环境，使用肥沃、排水良好的土壤（略微偏碱性一点，pH 值介于 7~8 之间，对于所有的芥属植物来说，这个酸碱度有助于预防根瘤病）。每年春季播种，秋季时移除枯死的植株。

## 如何采收

根据需要采摘幼叶和嫩种荚。种子成熟时收集（还可参阅第 68 页）。

园丁们有时会栽种芥菜作为绿肥。可以当作护根使用，覆盖土地并压制作物间杂草的生长。当芥属植物完全成熟时割下，先留在地表凋萎，之后再埋入土中。

# 金盏花

*Calendula officinalis*，也叫金盏菊

| 科 | 菊科 |
| --- | --- |
| 高度 | 40~50厘米 |
| 蓬径 | 40~50厘米 |
| 耐寒性 | 耐寒区 5 |

没有什么花能比金盏花更鲜亮、更阳光了。从春季到初秋，金盏花一直都会为菜园带来明朗的色彩，吸引传粉昆虫并提供可食用的花朵。

## 如何使用

金盏花的花瓣可以直接撒在沙拉和米饭上，或者用来装饰蛋糕。烹调后，金盏花的花瓣会给米饭、奶制品和汤羹上色（有时会代替番红花来使用）。

## 如何栽种

全日照环境，在排水良好的土壤里播种。定期摘掉枯萎的花朵，一旦栽种，金盏花就能愉快地在花园里自播。秋季移除枯死的植株。

## 如何采收

金盏花的花朵对天气很敏感，潮湿或寒冷时会闭合，所以要在温暖、阳光充足的日子里收集。根据需要采摘花朵，取下仅供食用的花瓣。

金盏花还广泛用于草药中，尤其是加在面霜和软膏中，能舒缓和镇静皮肤。

# 美国蜡梅

*Calycanthus floridus*，也叫洋蜡梅、甜灌木

这种迷人的、巨大的落叶灌木的叶片富有光泽，深红色的花朵带着芳香，有些像木兰花。

**▲ 花朵和果实有毒**

**科**　蜡梅科（Calycanthaceae）

**高度**　3米

**蓬径**　3米

**耐寒性**　耐寒区 5

## 如何使用

美国蜡梅比其他樟属植物更好管控且耐寒，磨成粉的树皮可以很好地代替肉桂，还有点丁香的味道。

## 如何栽种

在全日照条件下，美国蜡梅可以在大部分的土壤中愉快地生长。开花后剪短，如果需要，除了收获之后主要的修剪以外，还可以通过修整来限制大小。

## 如何采收

仲夏至夏末，剪掉看起来最干枯的枝条。剥下树皮，放在温暖、阳光充足且干燥的地方晾干（比如窗台上）。待树皮完全干燥后，放入密封容器中保存，需要时用香料研磨器或者杵和臼碾成粉末。

从苹果派到麦片粥，美国蜡梅可以用在所有原本需要使用肉桂的菜肴中。

# 尖辣椒

*Capsicum annuum*，也叫辣椒

尖辣椒原产于南美洲，从中世纪开始逐渐传至亚洲、非洲和世界各地。辛辣的菜肴中随处可见尖辣椒的身影，无论是用来增加一点辣味还是寻求爆辣的刺激，总能找到一种尖辣椒来满足味道和味蕾。大量种植的尖辣椒一般都是从种子开始种起来的。

## 如何使用

无论生吃还是烹调，尖辣椒可以放在咸味和甜味的菜肴里，也可放在饮品里。尖辣椒里辣椒素含量最高的并不是尖辣椒子，而是白髓，如果不想要可以一并去掉。

## 如何栽种

尽管尖辣椒是一种多年生植物，但在温带气候下，按照一年生植物养护最为简便。冬末播种，秋季收获最后一波尖辣椒后舍弃就好。在保护下种植的尖辣椒要比暴露在外的长得好。尖辣椒子需要使用加热的培育箱或者类似的设备来发芽。幼苗要一直种在盆里，直至植入全日照、肥沃且排水良好的土壤里（大花盆或者地栽均可）。春末时为有保护（温室、窗台、玻璃罩和塑料罩，或者塑料暖房）的尖辣椒进行以上操作。夏初时，在霜冻风险极小时再对户外的植株使用上述操作方式。

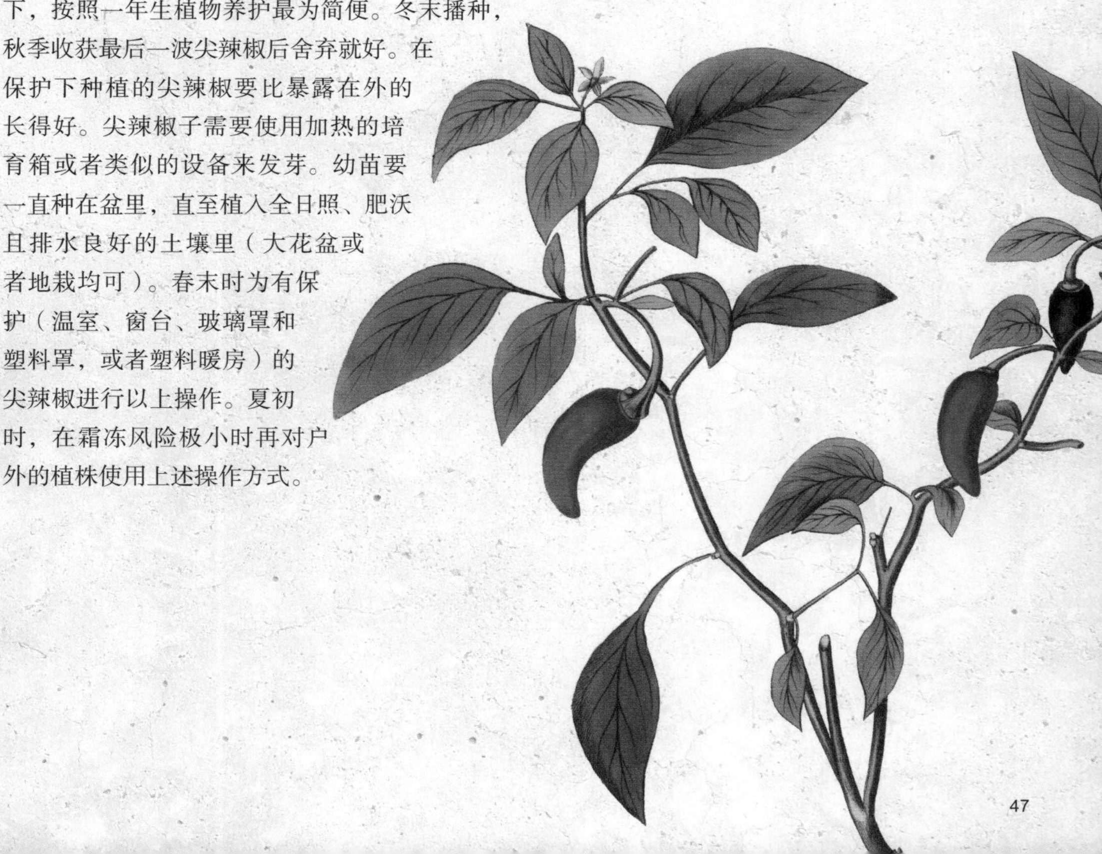

尖辣椒的枝条总是沉甸甸的，需要做好支撑。蚜虫和粉虱可能会侵害植物，所以一旦看到就要立即去除或处理。

## 如何采收

用手轻捏尖辣椒柄的基部及周围，如果是硬的，就说明已经成熟可以采收了。要想辣味浓郁并且更辣一些，可以等尖辣椒完全成熟且呈现最终的色泽后再收获。果实和尖辣椒柄应该能从枝条上轻松掰下。尖辣椒可以生吃或者保存起来日后使用。尖辣椒可以晾干、冷冻或者浸泡在油里和酒里（详见《专题 2：香草油、醋、酒和水》，第 40 页）。

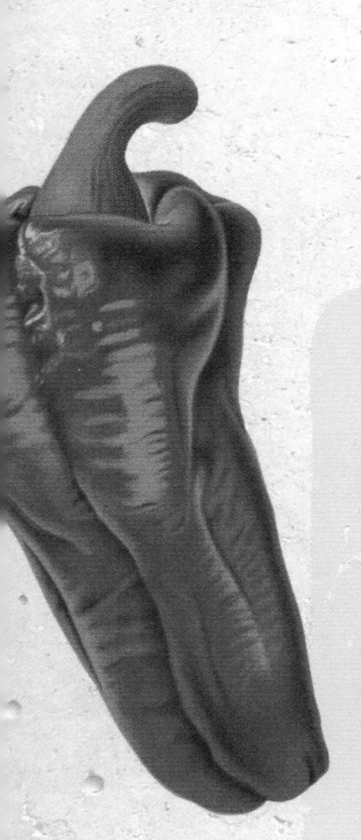

### 体会灼烧的感觉

尖辣椒的灼烧感来自称作辣椒素的化合物，尤其是辣椒碱类化合物。最早衡量辣度的实验叫作史高维尔测试（Scoville test），由韦尔伯·史高维尔（Wilbur Scoville）于 1921 年设计发明。这种方法使用史高维尔辣度单位（Scoville Heat Units, SHU）度量出一只尖辣椒中辣椒素的水平，不过要依靠（勇敢的）品尝员来确认稀释物中的烧灼感是否不再明显。尽管史高维尔测试没有现代的化合物分析方法度量辣椒素含量那么精确，但这种方法依然是自称嗜辣狂的人们最为推崇的。

全世界的专业人士和园艺爱好者不断地在温室培育尖辣椒，期望创造出下一个最辣的品种。培育的品种通常是哈瓦那辣椒［苏格兰帽红辣椒（Scotch bonnet）］，尤其是“那伽”（Naga）品系。墨西哥青椒（*Jalapeño*）平均的史高维尔辣度指数最多不过 5000 史高维尔；最近几年，“多塞特那伽”（Dorset Naga）已经突破了 100 万史高维尔，此后甚至连“多塞特那伽”也已经被超越了。

## 知名的品种

**柠檬辣椒（*Aji Limon*）**

黄色的果实带有独特的柠檬味。垂悬的形式非常适合种在吊挂的篮子和容器里。

**阿纳海姆（*Anaheim*）**

辣度中等，非常适合做填料，可以用来制作（晾干后研磨）辣椒粉（paprika）。

**杏辣椒（*Apricot*）**

辣味相对温和的哈瓦那辣椒。可以品尝出杏辣椒中的果味，不是单纯的辣。

**卡宴辣椒（*Cayenne*）**

长而细，辣度高，商业上用于制作干辣椒碎和辣椒粉。

**樱桃炸弹（*Cherry Bomb*）**

矮胖的红辣椒，适合做填料和萨尔萨（salsa）辣酱，中等辣度。

**匈牙利热蜡（*Hungarian Hot Wax*）**

不是很辣，脆脆的，适合煸炒。名称强调出辣椒种植行业在匈牙利的重要性。

**墨西哥青椒（*Jalapeño*）**

超市中主要售卖的品种（通常为纯红或纯绿），辣度中等，常用于墨西哥菜肴。

**纽米克暮光之城（*NuMex Twilight*）**

紧凑的植株上结满大量小小的相对较辣的果实，成熟的过程从紫色到橙色，再到黄色和红色，植株上会同时展现出所有的颜色。

**帕德龙辣椒（*Pimientos de Padron*）**

辣度非常低，通常会在还绿着的时候采摘，用油和盐快煎，可作为酒吧的温热小食。

**波布拉诺钟形辣椒（*Poblano*）**

辣度非常低，个头硕大、扁平，通常会在还绿着的时候采摘，然后填上馅料烘烤；红色时采摘下来则称作安可椒（ancho chilli），非常适合烟熏。

# 葛缕子

*Carum carvi*

| 科 | 伞形科 |
| --- | --- |
| 高度 | 90厘米 |
| 蓬径 | 30厘米 |
| 耐寒性 | 耐寒区5 |

葛缕子可能会帮助消化，这也许可以解释它为什么会出现在传统的肥腻菜肴中，比如匈牙利红烩牛肉、香肠和奶酪中。葛缕子具有香料的风味，可以添加到莳萝利口酒（kümmel）等饮品中，也可以用在酸菜（sauerkraut）等食物里。尽管现在北欧和东欧地区大量使用葛缕子，可它其实起源于亚洲，在石器时代的遗址中发现了葛缕子的种子。

## 如何使用

叶子可以直接放在沙拉里生食，或者放在汤里煮，而长长的直根可以像蔬菜那样烹调。种子可以放在上面提到的那些菜中，也可以加在蛋糕和饼干中。

## 如何栽种

直接播种在阳光充足的地方。葛缕子可以耐受大部分的土壤。在第二年种子成熟后移除枯死的植株。

## 如何采收

第一年根据需要采收叶片。收集成熟的种子（详见第68页）后晾干，挖出葛缕子，把根切下来做菜。

中世纪时，葛缕子有许多烹饪用途，甚至还是爱情药水中的成分，人们认为加入葛缕子可以提升爱情的持久性。

# 果香菊

*Chamaemelum nobile*，也叫罗马洋甘菊

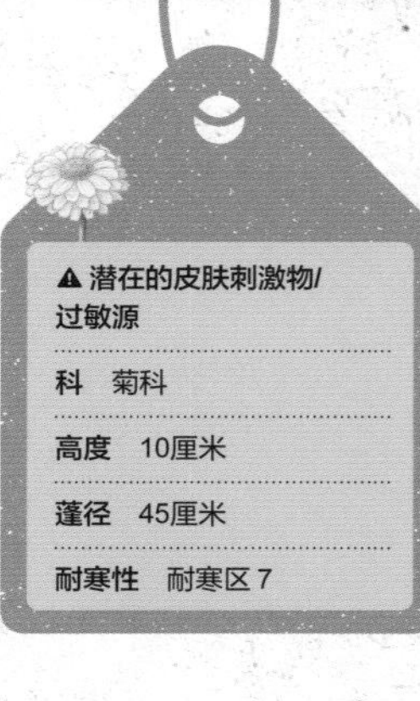


这种香草的植物学名源于希腊语 *chamaimēlon*，意为“地上的苹果”，光看植物的外表会觉得这名字有点怪怪的，不过却解释了当碾碎或踩在它的常绿叶片上时所散发出来的类似苹果的香味。

## 如何使用

花朵可以沏成果香菊茶（“睡前可以喝上一汤匙”，毕翠克丝·波特在《彼得兔》中写道），具有镇静的功效。作为带有香气、无须修剪的草坪，不开花的矮生果香菊变种“特雷尼亚格”（Treneague）是最佳选择（详见《专题 11：香草草坪和座椅》，第 120 页）。

## 如何栽种

果香菊喜欢轻质、排水良好的土壤和全日照环境。除掉果香菊草坪缝隙中的杂草，直到果香菊完全扎根并铺满整块土地。开花后剪短，避免果香菊越长越细长。

## 如何采收

当果香菊的花完全打开时采收，可以直接使用，或者晾干后存放（仅限一年）。

将果香菊的花头放入插花的水中，可以延长其他品种鲜切花的寿命。

# 菊苣

*Cichorium intybus*，也叫苦苣、蓝水手

| 科 | 菊科 |
| --- | --- |
| 高度 | 1.5米 |
| 蓬径 | 75厘米 |
| 耐寒性 | 耐寒区 5 |

菊苣徘徊于香草、蔬菜和观赏植物之间，漂亮的花朵掩盖了它其余部分的苦涩。尽管是多年生植物，可通常都是按照一年生植物栽种的。

## 如何使用

不结球的品种可以放在沙拉里生食，结球品种的“菜心”也可以生吃或者烤至微煳食用。花朵和根也可以食用。其他品种可以在冬季新鲜蔬菜少的时候食用。

## 如何栽种

在阳光充足或半阴的地方播种，使用轻质土（土质越轻，越容易收获根茎）。要加速菊苣的生长，可以在夏末播种，随后在秋末时把长出的部分全部剪掉。用花盆或者类似的物品遮盖好，隔绝所有的光照，4~6 周后就可以收获了。

## 如何采收

根据需要采收叶子和花，或者割下菜心。不结球的品种可以按照割了再长的模式养护；大部分的结球品种可以重新发芽。催生的菊苣，使用时现收，否则很快就会打蔫儿。秋季时挖出根茎。

菊苣的根茎可以晾干、烘烤、磨粉，作为咖啡的替代品；而菊苣的汁液可以用来制成口香糖。

# 专题3：香草切花

香草花园是自种切花的丰富来源，所有的切花保证都有香味而且非常漂亮。有些香草植物开出的花朵相当引人注目，比如欧白芷、美国薄荷和茴藿香；有些香草植物的花朵则非常精巧，比如玻璃苣和香堇菜。更多的香草可以只用它们的叶片或者小小的花朵来“填充”背景，比如莳萝、甘牛至以及薄荷。就整体的外观而言，在制作花束时，如果把民间传说和花语考虑在内的话也会很有意思，例如，可以把迷迭香作为回忆加进去。

## 适合做切花的香草

欧白芷（*Angelica archangelica*）
茴藿香（*Agastache foeniculum*）
美国薄荷（*Monarda didyma*）
玻璃苣（*Borago officinalis*）
莳萝（*Anethum graveolens*）
英国薰衣草（*Lavandula angustifolia*）
香蓍草（*Achillea ageratum*）
短舌匹菊（*Tanacetum parthenium*）
神香草（*Hyssopus officinalis*）
金盏花（*Calendula officinalis*）
甘牛至（*Origanum majorana*）
薄荷［唇萼薄荷（*Mentha*）］，特别是苹果薄荷（*M. suaveolens*）
牛至（*Origanum vulgare*）
虞美人（*Papaver rhoeas*）
迷迭香（*Salvia rosmarinus* syn. *Rosmarinus officinalis*）
撒尔维亚（*Salvia officinalis*）
香叶天竺葵（*Pelargonium*）
香堇菜（*Viola odorata*）
百里香（*Thymus*）

**爱之香草**

香桃木与古希腊女神维纳斯即阿芙洛狄忒有关。传统的婚礼花束都会有一根香桃木短枝。会栽花种草的新娘之后可以扦插这根短枝，养护它，让它长大，然后再折下这棵新树的枝条送给女儿们放在新娘花束和花园里。

# 柠檬

*Citrus × limon*

| 科 | 芸香科（Rutaceae） |
| --- | --- |
| 高度 | 10米 |
| 蓬径 | 7米 |
| 耐寒性 | 耐寒区 1c |

不要和英文名称相似的美国薄荷（英文写作 Bergamot，详见第 86 页，而柠檬的英文写作 Citrus bergamot）混淆，柠檬可以通过种在花盆里来控制大小，使它更加适合家庭花园或温室。

## 如何使用

柠檬的花朵是橙花油的重要成分，橙花油广泛地用于香水制造业和芳香疗法中。用水浸泡花朵，就成了众所周知的橙花水，是制作甜品的配料，果实可以代替酸橙使用，果皮可以制作柠檬油。

## 如何栽种

柠檬需要全日照环境，喜欢排水良好的土壤，或者可以盆栽后放在温室、暖房或类似的地方。春秋两季要充分浇水，根据肥料生产商的说明为盆栽的果树施肥。春季剪枝，只是为了保持形状。

## 如何采收

第一次开花时摘取，用于制作橙花水；果实成熟后采摘，用来制作最好的精油以及收获香气超棒和风味十足的水果。

注意：就家庭制作而言，蒸馏精油的成功率低且成本过高。

柠檬的果皮可以制作精油，经常用于芳香疗法，还可以为伯爵茶调味。

# 新风轮菜

*Clinopodium nepeta*

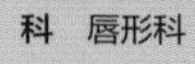

科 唇形科

高度 30~50厘米

蓬径 30厘米

耐寒性 耐寒区 5

新风轮菜的花朵单独看不起眼，不过到了夏季整株植物会开满小花，变得壮观起来。

## 如何使用

叶片的味道很浓，介于薄荷和牛至之间，只适合搭配味道浓郁的菜肴，比如烤红肉，或者用来增添额外的风味。新风轮菜的叶片也可以用来泡茶。怀孕期的女性不能食用新风轮菜，因为其中含有可导致流产的化合物。

## 如何栽种

新风轮菜喜欢全日照的环境和排水良好（甚至干燥）的土壤。开花后将其剪短以促发夏末新生并保持整齐。秋季或冬末时，整株植物可以再次剪短以保持紧凑和茂密。在不太冷的冬季，半常绿的茎上会存留些许叶片。

## 如何采收

根据需要采收叶片。

紧凑茂密的新风轮菜是香草花园缘饰植物的理想选择。

# 芫荽

*Coriandrum sativum*，也叫香菜、中国欧芹

| 科 | 伞形科 |
| --- | --- |
| 高度 | 60厘米 |
| 蓬径 | 20厘米 |
| 耐寒性 | 耐寒区 5 |

除非把芫荽的叶片碾碎，让它们散发出那种带点肥皂味的独特气味，否则很容易将它错认成欧芹。芫荽是一种古老的香草植物，据说对消化系统有诸多裨益。

## 如何使用

芫荽新鲜的叶片是制作许多东南亚菜肴的重要食材，还可以搭配众多传统的墨西哥菜。芫荽子可以整个或磨碎使用，可以为印度咖喱和各种其他的辣味和甜味食物增添淡淡的香味。根茎去皮，搅拌成酱或者切碎后翻炒，吃起来不大像叶子的味道，反而更接近种子的味道。

## 如何栽种

有专门使用叶子的变种——“香菜”（Cilantro），也有专门使用种子的变种——“摩洛哥”（Morocco），不过最常见的品种和变种，叶子和种子都能用。在全日照的环境下，将种子播在排水良好的土壤中；如果你只希望食用叶子和根茎，可以播在斑点树荫下，因为过多的热量和光照会导致植物过早结子。一直都要给植物浇足水。秋季移除枯死的植株。

## 如何采收

根据需要采收叶片。待种子成熟后收获（详见第 68 页）。夏末时拔出植物，收获根茎。

16 世纪的英国，习惯把整颗芫荽子裹上许多层糖，制成小小的精致糖果。

# 番红花

*Crocus sativus*，也叫藏红花

收获番红花十分耗费人力——每一丝都必须用手从花蕊中采下，同时每个球茎只开一枝花且上面仅有寥寥几丝，正因如此，番红花成了地球上最昂贵的食材之一。

| 科 | 鸢尾科（Iridaceae） |
| --- | --- |
| 高度 | 10厘米 |
| 蓬径 | 10厘米 |
| 耐寒性 | 耐寒区6 |

## 如何使用

番红花会为西班牙肉菜饭（paella）等饭食和烘焙食品增添淡淡的清香和显眼的黄色。番红花可以略微提振情绪，最简单的方法就是泡在酒里。

## 如何栽种

秋末种下球茎，全日照环境，选择排水良好的轻质土壤，但要肥沃一些。球茎横向长至3厘米时就会开花，随后在温暖干燥的夏季会持续6周（土壤温度超过20℃）。

## 如何采收

把每朵花上花蕊中的3根红色丝状物小心地摘下（不好摘的话可以用镊子）。采收后的番红花必须晾干后才能使用和存放起来；保存起来的番红花需要在一年内用完——超过一年的话味道就会变淡。

### 悠久的历史

番红花球茎其实是不育的植物，也就是说它不会结子，因此必须由母球结出的子球来繁殖。这也就是说现在所有培育的番红花在野外是没有的，都是彼此克隆的结果，并且都是来自至少4000年前的植物。历史上，番红花球茎只生长在几个主要的中心地区，包括英国的萨弗伦沃尔登（Saffron Walden）和德国的纽伦堡（Nuremburg）。现在，世界上番红花的主要产地为伊朗、希腊和摩洛哥。

# 专题 4：花草茶

拥有一方小小的香草园最大的好处之一，就是全年手边都有或新鲜或干燥的香草可以混搭出花草茶来。对于爱喝茶的人来说，整座香草园完全可以围绕着最适合制作花草茶的香草来设计。

严格说来，花草茶应该是一种汤药，因为茶是指茶树（*Camellia sinensis*，很适合家庭花园和冷温带气候种植）的叶子。沏一杯令人神清气爽并能让人恢复体力的茶汤再容易不过了：烧一些开水，放置 1~2 分钟，然后再倒在放有新鲜香草短枝的马克杯里。浸泡大约 5 分钟，取出杯中的香草即可享用茶汤了；也可以让香草留在杯中，这样味道会更浓一些。

尽管下面列出的香草都是最容易养活也最适合泡花草茶的类型，但你还是应该自己去查询每种香草的具体条目，相信还有很多既适合鲜泡也适合干泡的香草。你还可以尝试各种不同的搭配。有些香草据说可以治疗某些疾病，不过千万不要因此而过量使用，一定要核查是否有任何禁忌证，尤其是处在怀孕期的妇女。

## 适合沏泡花草茶的香草

· 橙香木（*Aloysia citriodora*）是所有香草中柠檬味道最浓郁的，泡茶一流。

· 果香菊（*Chamaemelum nobile*）是非常适合睡前喝的花草茶，具有舒缓和镇定的作用，可以帮助增加睡意。

· 柠檬草（*Cymbopogon citratus*）有柠檬味，有点像柠檬果子露的味道。把长长的叶片切碎，放入盛有水的冲茶器里，或者饮用前捞出。

· 茴香（*Foeniculum vulgare*），尤其是种子，是具有茴香味道的清肠茶，据说可以消食。

· 香蜂花（*Melissa officinalis*）味道更像草柠檬，搭配薄荷味道很好。据说有利于缓解悲伤的情绪。

· 薄荷（*Mentha*）作为汤药用香草广为人知，特别有助于消化，可以缓解胃部不适。

· 异株荨麻（*Urtica dioica*）的味道非常清淡，是具有清理功效的汤药，最好搭配薄荷、茴香等其他香草使用，为茶汤增添更多味道。

· 姜（*Zingiber officinale*）一直以来都用在治疗呕吐的传统疗法中，只需要 1~2 片新鲜的姜片。

除了常见的基础汤药以外，富含维生素 C 的玫瑰果糖浆用热水稀释后也是很棒的饮品，还有温热的姜黄根粉热饮（通常可放入牛奶或牛奶的替代品中，还可以搭配肉桂等香料）也越来越流行。

# 孜然芹

*Cuminum cyminum*

科　伞形科

高度　30厘米

蓬径　30厘米

耐寒性　耐寒区 1c

主要用于印度菜等亚洲菜肴中，孜然芹家族中仅有两个品种。和许多结种香草（比如芫荽、葛缕子、茴香）一样，孜然芹也属于伞形科，开出的伞状花序上的小花深受蜜蜂的喜爱。

## 如何使用

孜然粒可以整颗或磨成粉后为咖喱调味，也可以像香料般涂抹在肉的表面。种子中还可以提炼出油脂。

## 如何栽种

选择全日照环境，种在排水良好的土壤中。如果气温不够高（要保证连续 3~4 个月温度至少为 28℃），种子可能无法成熟。秋季移除枯死的植株。

## 如何采收

种子成熟后采收（详见第 68 页）。

《圣经》（《马太福音》第 23 章第 23 节）中有提到孜然芹，与薄荷、茴香一起都是用来缴纳什一税的方式。

# 姜黄

*Curcuma longa*

| 科 | 姜科（Zingiberaceae） |
| --- | --- |
| 高度 | 1米 |
| 蓬径 | 1米 |
| 耐寒性 | 耐寒区 1b |

人们过去视姜黄为廉价番红花的替代品，不过也仅限于染色方面，因为它的味道实在太重，很容易就抢了菜肴的风头。姜黄阳光般的金黄色过去一直用来为僧侣的长袍染色。

## 如何使用

打磨成粉的根茎可以放在咖喱和米饭里，用来调味和上色；放入牛奶（或牛奶的替代品）中做成的饮品称作姜黄拿铁或姜黄奶（*haldi doodh*）。叶子可以用来包裹食物后上火蒸，蒸好后，里面的食物会散发出淡淡的清香。

## 如何栽种

将新鲜的根茎（以块茎售卖）种在排水良好的土壤中或花盆里。选择全日照环境，种在温暖、潮湿的地方或者斑点树荫下。

## 如何采收

根据需要采收新鲜的叶片。植物休眠时，挖出并切下一截一截的根茎；蒸或煮这些根茎，晾干后磨成粉。

近期，姜黄有益健康的话题再次被人们重提。声称的好处有很多，不过所谓的积极功效还有待进一步的研究和确认。

# 柠檬草

*Cymbopogon citratus*

| | |
|---|---|
| 科 | 乔本科（Poaceae） |
| 高度 | 1.5米 |
| 蓬径 | 1米 |
| 耐寒性 | 耐寒区 1c |

柠檬草是窗台或温室里引人注目的大棵植物，会散发出和香蜂花相似程度的气味，不像橙香木的味道那么浓。不过，它的味道本身依旧足够浓郁，一直广泛地用在精油和其他香味的香水中。

## 如何使用

柠檬草新鲜的叶片可以为茶带来柠檬的味道，包裹其他食物蒸熟后，里面的食物会散发出淡淡的清香。叶片的肉质基部可以作为芳香物浸泡在椰奶制作的咖喱、米饭和鱼类菜肴中。晾干磨碎后，柠檬草就成了所谓的塞瑞香（sereh powder）。

## 如何栽种

全日照环境下，可以种在排水良好的土壤中或者使用盆栽用土。适度潮湿的地方比较理想，或者可以多喷水雾。分株后的柠檬草生长迅速，从食品商店购买的可以先将叶子基部插水生根，再移入花盆中栽培。

## 如何采收

根据需要割取新鲜的叶片。在贴近地面的高度从叶片的基部齐刷刷地收割。

柠檬草芳香下垂的叶片是猫咪们喜欢的玩物，一旦落入它们之手，很快就会被撕成破破烂烂的棕色碎片。

# 土荆芥

*Dysphania ambrosioides*，也叫墨西哥茶、驱虫子

和许多古老、受欢迎的香草一样，土荆芥在合适的条件下会像杂草一样疯长。土荆芥是温暖气候条件下的（不耐寒的）多年生植物，不过在温带地区最好按照一年生植物对待。据说土荆芥具有抗寄生虫和杀虫的功效，由此俗称“驱虫子”。

**⚠ 过量有毒***

科　苋科

高度　1.25米

蓬径　75厘米

耐寒性　耐寒区 3

*过量食用会导致严重的疾病甚至死亡；孕妇不能食用。潜在的皮肤过敏源。在一些国家使用土荆芥是受到法律限制的。

## 如何使用

墨西哥本土有名的香草，其叶片可以让汤羹、沙拉和豆子等许多平平无奇的菜肴变得不同寻常；此外，土荆芥还是制作正宗萨尔萨辣酱的必备食材。每次只能用一点，土荆芥非常辛辣刺激，只需要一点点就足够了。

## 如何栽种

将种子浸泡一夜来加速发芽。使用肥沃、排水良好的土壤，全日照环境。掐尖来促使植物茂密生长。秋季移除枯死的植株。

## 如何采收

根据需要采收叶片。

最棒的萨尔萨辣酱和墨西哥夹饼，会用土荆芥代替一些或所有的芫荽叶——不过只用一丁点儿。

# 绿豆蔻

*Elettaria cardamomum*

| 科 | 姜科 |
| --- | --- |
| 高度 | 3米 |
| 蓬径 | 3米 |
| 耐寒性 | 耐寒区 1c |

绿豆蔻浓香的种子用途广泛，不过从果实中取出磨粉后，香气很快就会消失。绿豆蔻来自雨林栖息地，除非给到它近乎完美的生长条件，否则就不大可能开花和结果。

## 如何使用

绿豆蔻种子在医药和烹饪中广泛使用。可以用来清新口气（直接嚼碎），烘烤食品（磨粉做成香料），还可以为咖喱和其他辛辣食材、甜味蜜饯、咸味腌菜和饮品调味。

## 如何栽种

种在肥沃湿润的土壤中，在斑点树荫下，全年的大部分时间都需要炎热和潮湿的环境，种子仅在不低于 19℃时才会发芽。

## 如何采收

果实成熟时采收，整个晾干。可以取出种子，也可以根据需要将干燥和保存起来的果实磨成粉。

绿豆蔻必须人工收获，与番红花（详见第 59 页）和香子兰一起，是世界上根据重量估价的最昂贵的香料之一。

# 山葵

*Eutrema japonicum*，也叫块茎山萮菜

| 科 | 十字花科 |
| --- | --- |
| 高度 | 40厘米 |
| 蓬径 | 20厘米 |
| 耐寒性 | 耐寒区7 |

市面上售卖的芥末酱通常都会掺入或者全部用辣根（详见第37页）制作，所以，如果你想要原汁原味的日本食材，最好自己种植。尽管在野外，山葵喜欢山溪的溪畔和清凉的流水，不过只要浇足够的水，它也能够在排水良好的土壤中生长。

## 如何使用

传统上，山葵是鱼肉中毒的解药，这也正是用它搭配生鱼片食用的原因。根茎通常会磨成膏使用，或者和其他食材混合在一起作为蘸料。花朵可以和叶子一同做成渍物（*wasabi-zuke*），新鲜的叶子还可以用来包裹蒸好的鱼肉。

## 如何栽种

将块茎种在半阴环境下排水良好但潮湿的土壤里，还可以种在有清澈泉水流动的地方。

## 如何采收

根据需要采收叶片和花朵。根茎最好在栽种的18个月后，于秋季时挖出。

山葵喜欢多云、温度适宜的夏季，而不是艳阳高照、炎热的夏季。要想收成好，最好能复制出类似日本本土阴凉的山溪栖息地的环境。

# 专题 5：收集种子和茴香花粉

许多香草结出的子其实和叶片一样美味和珍贵，栽种香草时，选择收获种子作物也很值得。开花香草的种子可以保留下来种出新的植物，这对于栽种一年生植物来说又便宜又好。

茴香花粉在米其林星级菜品中大受欢迎，价格昂贵，但其实非常容易从自种的植物上收集，只要按照切梗法（见下文）收获种子即可。待花头上大多数的单朵小花开放后即可准备切茎——应该能够在花朵上看到黄色的花粉颗粒。

一定要在干爽的，最好是阳光灿烂的日子收集种子和花粉。

## 植物表面收集法

如果不能完全确定种子何时成熟，可以在每颗种子头的顶部套一个纸袋。将每根梗绑好，这样就不会漏掉一粒种子，放置一周或两周。时不时晃一晃花梗，如果种子已经成熟并掉落，袋子里会发出咔嗒咔嗒的声音。切下香草的花梗，挂起来等待成熟并进一步晾干，和切梗法一样（见下文）。

## 切梗法

带着花梗切下种子头或花头，切下的花梗要够长，得能从纸袋中伸出。将种子头或花头倒放在纸袋中——可能一个袋子里能容纳数枝，不过要想干燥效果好的话，最好不要放太多。绕着花梗扎好袋口，预留出足够长的绳子好把袋子系在或者挂在阴凉干燥处。大约两周之后，晃一晃花梗——成熟的种子就会掉入袋子底部，会听到咔嗒咔嗒的声音。花粉掉落听不到声音，需要看一看。再次晃动花梗，确保所有的种子和花粉完全掉落，随后丢弃种子头或花头。

## 存放

将袋子中的种子或花粉倒在清洁干燥的罐中，可密封存放一年。如果有很多的碎草渣，可以把袋中的物品先倒在清洁干燥的盘子里，用手挑出种子或花粉——有些麻烦，但十分解压。

1 挑选一个天气干爽的日子，选择品相好的茴香种子头或花头。

2 带着长长的梗，割下种子头或花头，倒置在纸袋里（千万不要使用塑料袋，会变潮导致植物腐烂）。

3 将每个袋子都悬挂在凉爽干燥的地方，放置约两周。

4 随后根据需要使用茴香种子或花粉。

# 茴香

*Foeniculum vulgare*，也叫香草茴香

| | |
|---|---|
| **科** | 伞形科 |
| **高度** | 2米 |
| **蓬径** | 50厘米 |
| **耐寒性** | 耐寒区 5 |

高高的、羽毛般柔软的茴香，不仅能为香草花园增加高度和趣味，还能装饰花境；全株各部分都有茴芹子的味道，全都能拿来使用。不要把它和球茎茴香（*F. vulgare* var. *dulce*）相混淆。

## 如何使用

叶片可以拌入沙拉或者用作装饰，叶基可以按照蔬菜的烹调方法制作或者直接生吃。干燥的茎特别适合用来做穿鱼的扦子。花粉可以撒在甜味或辛辣的菜肴上。种子可以整颗或者磨成粉后为烘焙食品、香肠和利口酒调味，比如意大利萨姆布卡茴香酒，还可以用来泡茶。

## 如何栽种

茴香可以适应大多数的土壤和光照环境，尤其喜欢全日照环境和排水良好的土壤。除非特意摘掉枯萎的花头，否则茴香会愉快地在花园里自播。秋季或冬季割除枯死的茎。

## 如何采收

根据需要收割叶和茎；春季叶基最嫩。在花粉和种子快要成熟时采收（详见第 68 页）。

青铜色变种的“紫叶”茴香（*F. vulgare*‘Purpureum’）成为皇家园艺学会举办的切尔西花展（Chelsea Flower Show）上的常驻嘉宾，就是因为它那迷人的叶片。“紫叶”茴香也可以食用，还很适合种在色彩鲜艳的花境中。

# 车轴草

*Galium odoratum*，也叫铺床用草、香车叶草

**⚠ 过量有毒**

科　茜草科（Rubiaceae）

高度　30厘米

蓬径　1米

耐寒性　耐寒区 7

车轴草在半阴环境中生长茂盛，能形成草垫，是理想的地被植物，可以种在灌木和乔木下。名称来自希腊语的牛奶（*gala*），意指它在历史上被用来凝结牛奶以制作奶酪。

## 如何使用

带有叶片的小短枝可以浸泡在白葡萄酒中，制作成德国传统的五一国际劳动节饮品五月酒（*Maibowle*），或者为水果杯做装饰和调味。花朵晾干后可用来添香。

## 如何栽种

种在半阴处湿润但排水良好的土壤里。只要条件得当，车轴草几乎可以无限蔓延生长。

## 如何采收

根据需要采摘带有叶片和花朵的嫩枝。

要使车轴草为家用织物添香，可以将干燥的花朵制成香囊，置于叠放备用的床单等床品中间。

# 啤酒花

*Humulus lupulus*，也叫忽布花藤

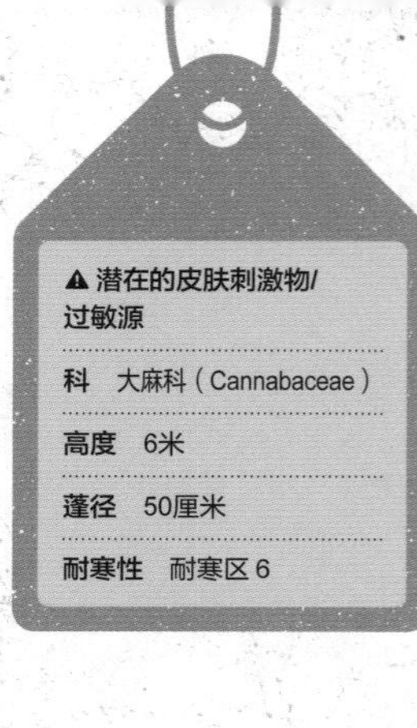


在英国英格兰南部的郡，特别是肯特郡，到处都是引人注目的烘房——专门为烘干该地区收获的大量啤酒花所设计的大房子。现在收获的啤酒花更多地为商业所用，会在更大的场所中生产。

## 如何使用

花朵可用来调味和为啤酒保鲜，还具有强大的镇定功效：干燥后可以塞入枕头制成助眠枕。整根藤蔓——整个植物从基部割下并晾干——可以制成漂亮的装饰物，嫩枝条可以像芦笋一样烹调。

## 如何栽种

可以在潮湿肥沃的土壤中栽培，全日照或半阴环境均可。作为强健生长的攀缘植物，啤酒花需要坚固的支撑，比如格架、藤架和大量的金属丝。难以控制的茎条，尤其是刚长出来的嫩枝条，可能需要手动拉入支撑物中固定。秋季或冬季时，割掉枯死的植株，检查支撑的情况。

## 如何采收

春季时割下嫩茎。秋季采摘花朵并剪下整根藤蔓，悬挂晾干。

微型啤酒厂和精酿啤酒生产商都在不断地研究啤酒花的变种，以期生产出风味浓醇的啤酒，由此掀起了一股啤酒花种植狂潮，尤其在美国。

# 神香草

*Hyssopus officinalis*

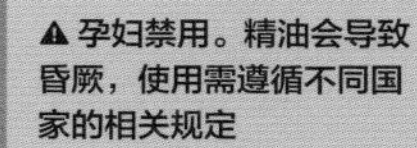

▲ 孕妇禁用。精油会导致昏厥，使用需遵循不同国家的相关规定

科　唇形科

高度　60厘米

蓬径　90厘米

耐寒性　耐寒区 7

神香草是半常绿多年生植物或灌木，会一点点长成动人的、随性的低矮树篱。想要白花，可以选择白神香草（*H. officinalis* f. *albus*），想要粉花，可以选择“粉红色”神香草（*H.o.*‘Roseus’）。

## 如何使用

神香草的叶片特别适合烹饪，有着浓郁的薄荷、迷迭香、鼠尾草的味道，还有一缕柑橘香。可以作为香料包里的一员或是单独使用，神香草可以搭配大部分的肉类和鱼类菜肴，可以用在汤羹和炖菜里，还可以浸泡在糖浆中摆在果盘里，根据北美的传统还会放在水果派（特别是蔓越莓派）里。干燥的叶片可以用来泡茶。

## 如何栽种

全日照环境下种在排水良好的土壤中。通过修剪为树篱塑形，春季重剪单株植物以促发新枝。开花后修剪所有的植物。

## 如何采收

根据需要采摘树叶，鲜食或晾干后食用均可。

和许多香草一样，神香草也是一种古老的植物。《圣经》中《诗篇》的第 51 篇第七节以及其他篇章中都曾经提及神香草的清理属性：“求你用牛膝草洁净我，我就干净。”（牛膝草是神香草的别名）

# 月桂

*Laurus nobilis*，也叫月桂树、桂冠树

| 科 | 樟科（Lauraceae） |
| --- | --- |
| 高度 | 15米 |
| 蓬径 | 10米 |
| 耐寒性 | 耐寒区 4 |

古希腊和古罗马的文化中都十分尊崇月桂，月桂享有卓越的荣誉：政治家和运动员佩戴月桂叶头冠，“桂冠”的头衔（像诗人或者诺贝尔奖获奖者）也正是出自此处。*Laurus* 来自 *laudare*，为拉丁语“赞美”的意思，*nobilis* 是拉丁语“高贵”的意思。

## 如何使用

叶片，无论是新鲜的还是干燥的，都可以用来浸渍各种辛辣咸香的菜肴、水果和奶油甜品；月桂叶很少单独食用。月桂是香料包的重要成分。

## 如何栽种

尽管月桂树可以长得很大，但也很容易控制和修剪成较小的样式。月桂喜欢排水良好的土壤和全日照环境，在半阴环境下也能生长茂盛。春季修剪控形；月桂树可以长成标准大小（详见《专题 10：香草的修剪与造型》，第 110 页）。

## 如何采收

根据需要采收叶片：由于月桂是常绿乔木，因此全年都能采收到新鲜的叶片。可以选择剪下茎后晾干。

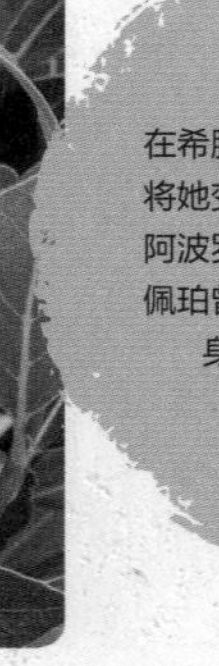

在希腊神话中，达芙妮的父亲将她变成了一棵月桂树来躲避阿波罗令人不快的求爱；卡尔佩珀曾写道，月桂树可以帮助身体抵御巫术和魔法。

# 英国薰衣草

*Lavandula angustifolia*，也叫薰衣草、狭叶薰衣草

| 科 | 唇形科 |
| --- | --- |
| 高度 | 1米 |
| 蓬径 | 1米 |
| 耐寒性 | 耐寒区 5 |

英国薰衣草作为常见的香草和观赏植物无须赘述。种植烹饪用的英国薰衣草要多加小心，法国薰衣草（*L. stoechas*）可以善用其香味，但直接食用有毒。

## 如何使用

使用新鲜或干花蕾制作香水，装饰烘焙食品和鸡尾酒（详见《专题 9：香草鸡尾酒》，第 104 页）；叶片和没有开花的幼枝可以用来腌渍甜味和咸味菜肴（非常适合用来搭配烤羔羊肉）。干花非常适合做成香囊，可以为家用织物添香和防治衣蛾，还可以放在助眠枕里。从花中提取的精油是香水和洗漱用品中常见的成分。

## 如何栽种

英国薰衣草喜欢全日照环境和排水良好的土壤。土壤越肥沃湿润，英国薰衣草就长得越茂密，不过是以降低叶片和花朵中油的浓度为代价的。开花后修剪，位置选在棕色茎变绿处略上面一点的地方。

## 如何采收

当花蕾开始绽放的时候剪掉花梗；将新鲜或者扎成捆后的英国薰衣草倒挂晾干，然后搓下干了的花蕾存放起来。

### 知名的品种和变种

紧凑的适合做树篱的有“希德寇特”英国薰衣草（*L. a.* ‘Hidcote’）、“帝国珍宝”英国薰衣草（*L. a.* ‘Imperial Gem’）和“孟士德”英国薰衣草（*L.a.* ‘Munstead’）。开白花的有“内娜”英国薰衣草（*L. a.* ‘Nana Alba’），开粉色花的变种为“粉红罗登”英国薰衣草（*L. a.* ‘Lodden Pink’）；其他的英国薰衣草栽培品种大部分的颜色都介于蓝紫色光谱之间且香味变化不大。对于香水来说，荷兰薰衣草（*L. x intermedia*）是商业上最常用的类型，它的花穗更长，香味更浓郁。法国薰衣草和齿叶薰衣草（*L.dentata*）都没有英国薰衣草耐寒。

# 专题 6：自制干香草

尽管对于许多香草而言，新鲜叶片的味道和香气最足，不过自制的干香草会是很好的替代品，尤其是在新鲜香草匮乏和短缺的冬日里。

## 自制干香草的基本原则

- 一定要在干爽，最好是阳光灿烂的日子里采收香草，这样植物表面就已经是干燥的了。
- 将开着花的花梗倒挂，这样花梗会直直地变干，不会被花头的重量压弯。
- 将香草扎成小捆，每捆之间留出足够的空间使空气得以流通。
- 将香草放在干燥阴凉的地方晾干。
- 在香草没有完全干透之前不要收起来——残留的任何一点潮气都会导致密封容器中的香草腐烂。
- 将干香草放在密封罐或密封盒里，可以保持新鲜，能使用一年。

## 自制干香草的几种方法

所有烹饪中常用的香草都适合做成干香草：百里香、鼠尾草、牛至和迷迭香。干香草做好后可以切碎（可以撒在调味汁和其他菜肴中），然后单独存放或者制成干燥的混合香料。普罗旺斯香草（Herbes de Provence）的调配因不同的制造商而有所不同，不过通常都会包含迷迭香、百里香、甘牛至或牛至、园圃塔花、冬香薄荷。

- 牛至可以在花刚开始绽放的时候剪掉梗；晾干后可以将整根花梗存放起来，叶片和花蕾可以搓下来放入菜肴中。
- 若要在插花或烹饪中使用干英国薰衣草，当第一个花蕾绽放时便要剪下花梗，干透后可以用作切花或者搓下花蕾存放在罐子里，之后用来烹饪或者制成驱蛾香囊。
- 一小扎混合香草可以作为香料包用于炖菜和砂锅菜里，或者作为香氛燃烧物使用。

1 在干爽的日子里采收品质好的叶片和花朵。剪下大量的单根茎，预留出长度将它们绑在一起。

2 将香草扎成小捆，用麻绳或者天然的线绳捆绑，这样绑住的地方的潮气也能散掉。

3 将小捆的香草悬挂在阴凉干燥处，直至完全脱水。

4 英国薰衣草干透后就可以搓掉花梗上的花蕾了。

# 欧当归

*Levisticum officinale*，也叫爱之欧芹、膀胱子

历史上欧当归曾作为利尿剂使用，还很适合种在花境的后部区域，是欧当归属中唯一的品种。

## 如何使用

欧当归的叶片可以浸泡在汤羹、炖菜和高汤里，也可以塞入烤肉中。花梗可以像蔬菜（味道类似于芹菜）那样焯烫后食用或者糖渍。种子可以少量地添加在面包、汤羹和炖菜里作为调料。

## 如何栽种

全日照或半阴环境下，使用肥沃湿润的土壤。如果不需要收集种子，那么可以在花期过后通过剪下花梗来促发更多新叶的生长。秋季时花梗枯萎后再修剪一次。

## 如何采收

根据需要采摘新鲜的叶片。春季时，趁花梗最嫩的时候剪下。种子成熟后即可收集（详见第68页）。

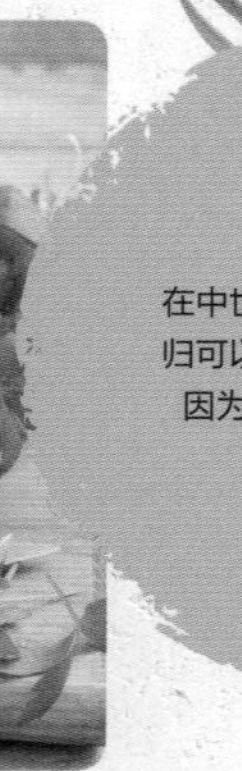

在中世纪，人们认为欧当归可以激发爱意，或许是因为它的除臭功效吧！

# 香蜂花

*Melissa officinalis*

| | |
|---|---|
| 科 | 唇形科 |
| 高度 | 1米 |
| 蓬径 | 50厘米 |
| 耐寒性 | 耐寒区7 |

这种茂密且非常宽容的植物深受蜜蜂的青睐（可能也因此得名：*melissa* 是希腊语的“蜜蜂”）。变种的“酸橙”香蜂花（*M. o.* ‘Lime Balm’）和其他香蜂花的外观相似，叶片茸毛更多，具有独特的柑橘酸橙香。

## 如何使用

新鲜叶片可以拌沙拉、泡茶，或者用来制作布瓦耶加尔默罗香蜂花水（Eau de Mélisse des Carmes Boyer）——香蜂花甜果汁饮料（melissa cordial），还可以把鲜叶片浸泡在水果鸡尾酒里。干叶片可以放入助眠枕里。

## 如何栽种

全日照或半阴环境下，使用肥沃湿润的土壤。花期过后贴地修剪，既能促进新鲜叶片生长，同时还可防止大面积自播。秋季茎枯萎后修剪。

## 如何采收

根据需要采摘新鲜的叶片。要使叶片变干，可以趁着开始开花时剪下花梗，悬挂晾干。

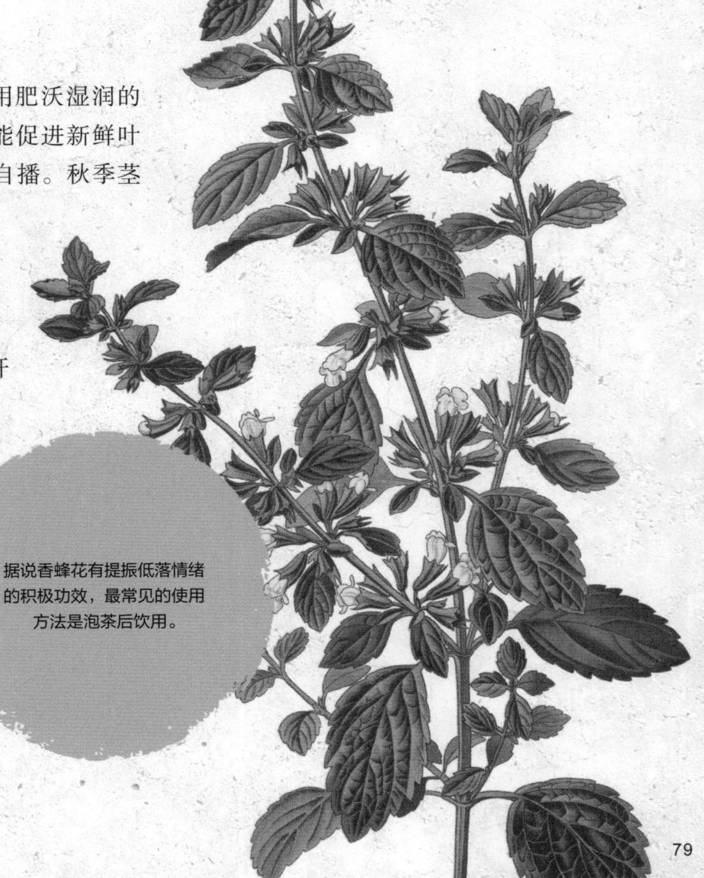

据说香蜂花有提振低落情绪的积极功效，最常见的使用方法是泡茶后饮用。

# 薄荷

*Mentha*（种）

薄荷可能是日常使用中最平平无奇的香草了，从牙膏到烤羔羊肉里的薄荷酱，从茶到鸡尾酒，不夸张地说，薄荷真可谓是家庭必备。不同品种和变种的薄荷证实了不仅薄荷味有很多变化，有些甚至还会散发其他食品的香气，比如草莓、巧克力和姜。

## 如何使用

新鲜叶片可以为许多的甜咸菜肴和饮品调味。叶片中提取的油脂除了用来调味，还可以为洗漱用品等添香。有些薄荷据说可以帮助消化，缓解胃部不适，薄荷茶（由鲜叶或干叶制作）长期以来都作为餐后助消化的饮料使用。

## 如何栽种

半阴或全日照环境下，使用湿润肥沃的土壤。薄荷利用匍匐茎（地上根）生长和繁殖的速度极快，需要加以控制，否则很容易泛滥成灾，种在大花盆等容器中或者专用的升高植床中能很好地解决这个问题。开花后贴着地面修剪，促发新叶生长，待秋季茎部枯萎后修剪。

## 如何采收

根据需要采摘新鲜的叶片。冬季可以种上一小盆薄荷放在室内阳光充足的阳台上，一直到春季都能用上新鲜的叶片。花期刚过就剪下茎，悬挂晾干。

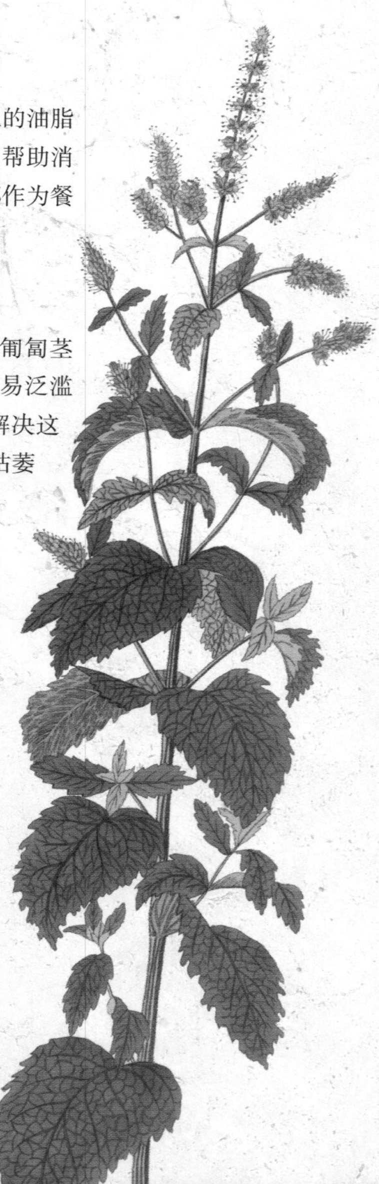

## 知名的品种和变种

许多的“风味”薄荷仅以特殊的味道命名，例如，姜薄荷。购买前一定要确认叶片的气味和味道是否和广告一致。

**姜薄荷（*M.* × *gracilis*），也叫苏格兰薄荷**

光滑的叶片，略带红色的茎，带有微微的罗勒香气，和其他薄荷品种相比口感不那么凉，很适合搭配番茄和水果。

**胡椒薄荷（*M.* × *piperita*）**

主要为药用，叶片颜色略紫，茎呈深紫色，最适合缓解消化不良的症状。

**“罗勒”柑橘胡椒薄荷（*M.* ×*piperita* f. *citrata* 'Basil'）**

大多数的“风味”薄荷都归入了柑橘胡椒薄荷中，其中也包括叶片带着罗勒清香的薄荷，其他值得搜寻的变种有“巧克力”薄荷和“柠檬”薄荷。

**“斑叶”柑橘胡椒薄荷（*M.* ×*piperita* f. *citrata* 'Variegata'）**

两种主要的斑叶变种薄荷之一（另一种是“斑叶”姜薄荷，*M.* ×*gracilis* 'Variegata'），这种薄荷的叶片由深绿色和奶油色组合而成。

**唇萼薄荷（*M. pulegium*），也叫普列薄荷（pennyroyal）**

低生匍匐类植物，历史上为远洋航行净化水质所用。叶片可以放在血肠和香肠等猪肉制品中，干叶可用来驱赶老鼠和昆虫。

**科西嘉薄荷（*M. requienii*），也叫火箭薄荷**

这种较小的薄荷高度不超过 1 厘米，可以蔓延生长，长成密实的垫子。

**薄荷——大有裨益的香草**

尽管卡尔佩珀很快就注意到薄荷“一旦种入花园，就很难彻底摆脱”，不过，薄荷在传统上的诸多用途弥补了这个不足，比如薄荷可以和盐一起帮助治疗“疯狗的咬伤”。他发现薄荷可以有效缓解消化不良：“简单来说，它对胃非常好。”然而，这指的是留兰香（*M. spicata*）。对于野生薄荷或马薄荷[或许是长叶薄荷（*M. longifolia*）]而言，卡尔佩珀写道：“对于有伤口的人非常不利：有人说有个受了伤的人吃了薄荷，他的伤口就再也没有愈合，真是度日如年。”

**留兰香（*M. spicata*），也叫花园薄荷**

这种薄荷可用来制作薄荷酱，还常用于冰镇薄荷酒和莫吉托中，美国人通常会选择的变种为“肯塔基上校”（Kentucky Colonel）。

**“摩洛哥”薄荷（*M. spicata* var. *crispa* ‘Moroccan’）**

要泡出最为香浓的薄荷茶，只栽种“摩洛哥”薄荷就好。这种薄荷的茎上叶片密生，每杯茶只需要用小小的一截。

**“草莓”薄荷（*M.* ‘Strawberry Mint’）**

这种薄荷还有很多不同的名称，也可能会写成“草莓”胡椒薄荷（*M.* ×*piperita* ‘Strawberry’）。“草莓”薄荷比其他的变种更加不耐寒，浅绿色的叶片带着独特的草莓香气。

**苹果薄荷（*M. suaveolens*），也叫毛茸薄荷**

最适合用于鲜切花插花的薄荷——浅浅的、毛茸茸的叶片长在高高的茎上。其变型的斑叶品种也称作凤梨薄荷，因果味甜香得名。

# 专题 7：用香草打造绿色屋顶

打造绿色屋顶是城区展示植物和自然景观的绝佳方式，同时还能为建筑带来诸多好处，比如改善隔热性能、减少雨水径流。不过大规模的绿色屋顶需要做重点规划和一些结构上的考量，最好由专业公司完成；小一些的项目，比如花园办公室或花房的屋顶，自己动手还是可以实现的。此外，种植方案可以囊括能够提供香氛和食材（如果够得到的话）的香草。

以下内容是绿色屋顶的基础介绍，会激发大家的设计灵感。要想了解绿色屋顶专业的技术搭建，可以查询专门的书籍或咨询专家。

一处小小的、拥有香草的绿色屋顶，有条件的话，可能至少需要 10~20 厘米的根系空间。这可以通过使用塑料条（或者木条，但木条最后会腐烂，自重较大而且还会吸收水的重量）制成格栅或者蜂巢状格子架来实现，形成的空间内可以填上堆肥土并种上植物。生根的基质下方必须有隔水挡板，同时要保证根能穿透，还要有排水层来防止盆栽用土积水，否则很容易害死植物。

绿色屋顶无论栽种何种植物，都会变成昆虫和鸟类喜爱的栖息地。开花的品种会为蜜蜂、蝴蝶和食蚜蝇等昆虫提供传粉所需的重要花蜜。最好选择耐旱的植物，那些适应光照或树荫的植物需选择合适的屋顶位置。根据所选的植物，养护方面基本上不怎么费心：每年修剪 1~2 次，去除老茎和较高品种的花穗。如果嫌麻烦，最好选择省事儿或者无须养护的植物。

### 适合绿色屋顶的植物

- 果香菊（*Chamaemelum nobile*）。
- 北葱（*Allium schoenoprasum*）。
- 迷迭香（*Salvia rosmarinus*，卧生类），选择匍匐的种类；适合种植在空间较深的地方。
- 英国薰衣草（*Lavandula angustifolia*），选择紧凑的变种，比如“希德寇特”和“内娜”，适合种植在空间较深的地方。
- 香蓍草（*Achillea ageratum*）。
- 牛至（*Origanum vulgare*），选择紧凑或匍匐的种类。
- 百里香（*Thymus*），所有品种的百里香都适合，事实上，全都是百里香的屋顶是绝佳的选择。

# 美国薄荷

*Monarda didyma*，也叫蜜蜂花、管蜂香草

| 科 | 唇形科 |
|---|---|
| 高度 | 1.25米 |
| 蓬径 | 50厘米 |
| 耐寒性 | 耐寒区 5 |

不要和柠檬（详见第 56 页关于两种植物英文名称的讨论）混为一谈，两者香味类似，不过美国薄荷更常见于观赏花境。不同的杂交品种基本上都会开出色彩明艳的螺旋状花朵，颜色包括各种红色、粉色和紫色，不过纯正的美国薄荷开出的花是深红色的。

## 如何使用

鲜叶或干叶可以放在茶和冰镇饮料等饮品中。放在茶中，会有种伯爵茶的风味。新鲜的花朵可以放在沙拉里作为可食用的装饰物。

## 如何栽种

这种香草可生长在全日照环境下肥沃湿润的土壤中。干燥的话，叶片上很容易滋生霉菌。秋季或冬末剪掉枯死的茎。

## 如何采收

根据需要采摘新鲜的叶片和花朵。要制作干叶片，可以在开花前剪下花梗，悬挂晾干。要制作干花，可以在花朵完全绽放时剪下花梗后悬挂晾干。

美国薄荷为传粉昆虫提供美味的食物，由此得俗名蜜蜂花。

# 肉豆蔻

*Myristica fragrans*

| ▲过量有毒 | |
|---|---|
| 科 | 肉豆蔻科（Myristicaceae） |
| 高度 | 20米 |
| 蓬径 | 8米 |
| 耐寒性 | 耐寒区 1a |

这种热带乔木中较大的类型是斯里兰卡和印度尼西亚等国家重要的作物，可它们个头儿太大，在温带地区作为室内植物不大可能结果。不过，较小的类型相对较易养成，它们的香气、常绿的叶片和浓密的特性是十分迷人的。

## 如何使用

肉豆蔻种子（nutmeg）广泛地用于餐饮调味，添加于甜味和咸味菜肴中，尤其适合与菠菜和奶油酱搭配。肉豆蔻假种皮（mace）一般都是整个浸泡使用，会赋予菜肴较为清淡的肉豆蔻味道。两者都多用于北非混合香料（ras-el-hanout）[①]中。过量使用任何一种香料都会导致出现幻觉，大量使用则会中毒。

## 如何栽种

种植肉豆蔻树最好使用排水良好的沙质但肥沃的土壤，需要非常潮湿温暖的环境。室内单独种植的观赏型肉豆蔻树需要定期修整以保持大小。

## 如何采收

果实成熟后会裂开；剥掉肉豆蔻的假种皮，取出里边的肉豆蔻种子，彻底晾干后储存。

**肉豆蔻种子和肉豆蔻假种皮**

肉豆蔻树会给种植者提供两种作物。金色的果实成熟后会开裂，露出红色的、包裹着棕色肉豆蔻种子的覆盖物（假种皮）。尽管两者的味道接近，可精油的浓度，即辛辣程度，各不相同。果实的肉质部分可用于制作果冻或糖浆，也可以糖渍或盐渍。

① 北非混合香料，也叫摩洛哥混合香料，源于阿拉伯语 *ras-el-hanout*，意为“市场最棒”（head of the market），由多达上百种香料混合而成，是马格里布地区（包括摩洛哥、突尼斯、利比亚和阿尔及利亚）广泛使用的食材。——译者注

# 茉莉芹

*Myrrhis odorata*，也叫花园没药、甜没药

| 科 | 伞形科 |
| --- | --- |
| 高度 | 1.5米 |
| 蓬径 | 1米 |
| 耐寒性 | 耐寒区5 |

茉莉芹是香没药属中唯一的品种，历史上曾用来防范鼠疫和为家具抛光。它对得起俗名（甜没药）中的“甜”字，可以在果盘中替代部分糖来食用，尤其在初春，大黄的第一根茎和茉莉芹的新叶一起长出来的时候。

## 如何使用

叶片可以直接拌入沙拉，或者与水果或咸味菜肴一起烹煮，增添甜味和淡淡的茴香味。做熟的根茎热食冷食均可，或者用来制酒。未成熟的种子可以放在甜品、沙拉或炒菜中；成熟的种子可以晾干后制成干调料粉，用于烘焙食物。

## 如何栽种

茉莉芹需要肥沃湿润的土壤，且要足够深，以满足长长的主根的生长，还需要半阴甚至全阴环境。花期过后将枝剪短，以刺激新生作物的新叶生长。秋季或冬末时，植物枯萎后剪掉所有的枝叶。

## 如何采收

根据需要采摘新鲜的叶片；可以制作干叶，这样就可以在没有新鲜叶片的时候使用。未成熟的种子是绿色的，成熟后会变成深棕色。秋季挖出根系，留下一部分根系待来年春季再次发芽。

茉莉芹可以用来制作水果酥皮甜点，可以将叶片细细切碎，放入水果基底中，叶片的用量需和糖的用量一致。

# 香桃木

*Myrtus communis*

| 科 | 桃金娘科（Myrtaceae） |
| --- | --- |
| 高度 | 2.5米 |
| 蓬径 | 2.5米 |
| 耐寒性 | 耐寒区4 |

香桃木是迷人的树篱或独自生长的观赏型灌木，尽管它不喜欢湿冷的环境（原生于地中海地区），却能耐受沿海的气候条件。香桃木有斑叶、矮化和重瓣花等变种。

## 如何使用

这种香草适合搭配味道厚重的食物，比如红肉和野味，尤其是篝火或户外烧烤时，可使用叶子或干浆果（作为抹料），后者可以很好地替代桧。香桃木还可以制作香桃木酒。

## 如何栽种

在全日照环境中使用排水良好的土壤种植香桃木：冬季潮湿的土壤会降低低温条件下香桃木的存活率。春季修剪，去除越冬时枯萎的枝叶，以促发新生，如果需要可以重新塑形。

## 如何采收

根据需要采摘新鲜的叶片，不过冬季不要摘得太狠。仲夏时收集叶片，制成干叶或者放入油中保存。果实（浆果）成熟时呈黑紫色，可在烘柜里烘干或在阳光充足的窗台等温暖干燥的地方晒干，随后放入密封容器中储存。

同为桃金娘科植物的智利番石榴（Chilean guava）是莓香果（*Ugni molinae*）的近亲，是维多利亚女王的最爱。

# 罗勒

*Ocimum*（种），也叫花园罗勒、甜罗勒、九层塔

尽管罗勒通常与意大利烹饪联系在一起，可事实上它原产于亚洲和非洲。罗勒精油多种多样且各不相同，味道有茴香、玫瑰、百里香和丁香蒲桃，个别的栽培品种还会散发出比其他品种更为明显的肉桂香或柠檬香。可以说，罗勒的香气比味道更好，但气味难以捕捉，要留住它十分困难。名厨赫斯顿·布卢门撒尔（Heston Blumenthal）曾设计过一种罗勒喷雾，用来在品尝比萨的用餐者周围喷洒，他认为这样比装盘时放罗勒叶效果要好。

## 如何使用

通常只使用叶片，最好鲜食或者在菜肴临出锅前放入，以保留其特有的味道和香气。罗勒是青酱的基础食材，叶片也会用在意大利通心粉、沙拉和比萨等诸多意大利菜肴中。花可以用来装饰咸味或甜味菜肴。罗勒还具有一些宗教内涵，常见于印度文化中，人们认为罗勒具有保护庙宇和住宅的作用。人们还会悬挂罗勒的枝条用来驱赶蚊子等昆虫。

## 如何栽种

罗勒需要炎热的环境和大量的光照才会长得好，在凉温带气候下，最好种在温室或者阳光充足的窗台上。罗勒喜欢轻质的、排水良好的土壤。一年生的品种（大部分为烹饪用罗勒）需要每年重新播种，丢弃老死的植株。不耐寒的多年生罗勒，比如“非洲蓝”（African Blue），可以放在可加热的温室里或者以插条的方式越冬。所有的罗勒都可以用定期掐尖的方式促使其更加浓密地生长。

## 如何采收

根据需要采摘新鲜的叶片和花朵。

## 知名的品种和变种

**“非洲蓝”罗勒（*O.*‘African Blue’）**

尽管紫绿色的叶片有一种独特的罗勒香，可这种不耐寒的多年生植物还是最好用来观赏。茎是紫色的，蓝紫色花朵组成的花穗可以从仲夏一直开到夏末。

**罗勒（*O.basilicum*）**

种植最广的、已知的罗勒品种，一年生植物，叶片呈淡绿色，白色花朵组成的花穗可以从仲秋开到秋末。“热那亚”罗勒（*O.basilicum*‘Genovese’）是制作青酱的传统食材；“纳波利塔诺”罗勒（*O.basilicum*‘Napolitano’）——异名“生菜叶”罗勒（*O.*syn.‘Lettuce Leaf’）——的叶片更大，有褶皱；“紫花边”罗勒（*O.basilicum*‘Purple Ruffles’）的观赏性更高，叶片的边缘有褶皱；“暹罗女王”罗勒（*O.basilicum*‘Siam Queen’）是制作泰式美食的好选择，会产生较浓的茴香或甘草的香气。其他栽培品种基本上会按照种类销售，例如，肉桂罗勒，可以先检验一下叶片，看看香气是否与标签相符。

**柠檬罗勒（*O.* ×*citriodorum*）**

这种一年生的柠檬罗勒的叶片比罗勒（*O.basilicum*）的叶片要薄，好闻的柠檬香适合搭配鱼肉和鸡肉。种子可以浸泡在水里制成滋补饮品。

**希腊罗勒（*O. minimum*）**

希腊罗勒是所有罗勒中最紧凑的，有着矮小丛生的茎，小小的叶片带有浓香，一年生植物。

在古地中海文化中，人们相信一边咒骂一边播下罗勒的种子可以提高发芽率。

# 甘牛至

*Origanum majorana*，也叫马郁兰

科 唇形科

高度 60厘米

蓬径 45厘米

耐寒性 耐寒区4

甘牛至和牛至（见对页）是近亲，非常容易混淆。和牛至相比，甘牛至的长势和味道都不是很强。在较寒冷的气候条件下，既可以按照一年生植物那样养护，获得温暖、甜美、百里香般的香气，也可以种在花盆里在温室越冬。

## 如何使用

叶片和花朵（通常使用带花的小枝而不是单独的花）可以放在畜肉、鱼肉和番茄类菜肴中，最好在临出锅的时候放入，最大限度地留住味道。小枝可以泡在油和醋里（详见《专题2：香草油、醋、酒和水》，第40页）。

## 如何栽种

甘牛至喜欢排水良好，甚至干燥的土壤（冬季它也不喜欢潮湿的土壤），需要栽种在全日照的地方。花期过后剪掉茎，以刺激新叶的生长。初春再次修剪，去除弱枝和死枝并保持尺寸。

## 如何采收

根据需要采摘新鲜的叶片和带花的小枝。

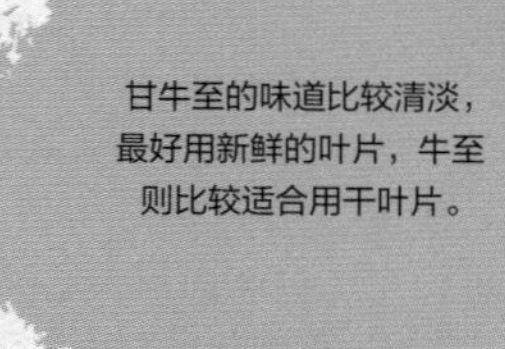

# 牛至

*Origanum vulgare*，也叫野生墨角兰

| 科 | 唇形科 |
| --- | --- |
| 高度 | 1米 |
| 蓬径 | 1米 |
| 耐寒性 | 耐寒区6 |

牛至把根据环境特点，就不同的外形分辨牛至或甘牛至（见对页）的过程弄得更加复杂了。总的来说，牛至是茂密的植物，茎直立（不过有时会散开），夏季会开出美丽的紫粉色花朵。

## 如何使用

牛至的叶片可以放在汤羹、炖菜和烤肉里，还能很好地和有大蒜、尖辣椒或番茄的菜肴搭配。牛至的味道浓郁，比起夏季的菜肴，更适合搭配秋冬季菜肴，不过新鲜的叶片也能少量地放到沙拉和比萨里。叶片和开着花的小枝可以泡茶、泡油或泡醋。气味强烈的牛至油在商业上用作调味品，也会用在洗漱用品里（特别是男士香水中）。

## 如何栽种

牛至最适合生长在温暖、阳光充足的地方，选择排水良好的干燥土壤。花期结束后立即修剪茎，可以刺激新叶的生长。

## 如何采收

根据需要采摘新鲜的叶片和带花的小枝。可以在快开花之前剪下花梗，悬挂晾干，冬季时使用。

牛至取自希腊语的“山”（*oros*）——表明它喜欢的栖息地——和希腊语的“快乐”或“美好”（*ganos*）。

# 专题 8：嘿，青酱！

青酱是香草酱汁中最出名的，可谓是橱柜中的必需品。不过随着初始食材的缺失，青酱也在走下坡路，特别是有些零售商现在直接把他们的初级罗勒版本简单地贴上“绿色青酱”的标签。其实，哪怕是熟食店最昂贵的青酱也无法和用刚采摘的新鲜香草自制的酱汁相提并论。

传统上，青酱是用罗勒制作而成的，使用的是“热那亚”罗勒，不过其实任何比例的香草和坚果组合都是可以的。要制作出味道浓郁的冬日青酱，可以试试用欧芹代替罗勒，用核桃或榛子代替松子，北葱或野韭菜也能做出很棒的变化。

该食谱可以制作出 220 克青酱。

**食材**

松子 25 克
鲜罗勒叶 100 克
大蒜碎 1 瓣
半个柠檬的柠檬皮
特级初榨橄榄油 50~100 毫升
帕玛森奶酪碎 50 克
盐和胡椒适量

**做法**

将松子在干燥的平底煎锅中用中火焙烤，直到有香味飘出，不时晃动松子（这个过程大约需要 5 分钟）。将松子和鲜罗勒叶、大蒜碎以及柠檬皮一起放入食物料理机中搅拌，直到鲜罗勒叶变细碎为止。加入 50 毫升特级初榨橄榄油，继续搅拌成酱。拌入帕玛森奶酪碎，再用盐和胡椒调味。如果要立刻使用，可以倒入更多的特级初榨橄榄油，将青酱调成期望的稀稠度。

日后使用：放入消过毒的罐子里，倒入橄榄油，高约 5~10 毫米，这样有助于青酱的保存，防止其变成褐色。每次取用青酱后都要倒一些橄榄油在上面。放入冰箱，一个月内用完。

# 虞美人

*Papaver rhoeas*，也叫丽春花、赛牡丹

英国人用虞美人纪念在第一次世界大战的战场中去世的战士们。不同品种的虞美人种在一起或离得很近，会出现杂色幼苗。

▲除种子以外，食用其他所有部分都会中毒

科　罂粟科（Papaveraceae）

高度　75厘米

蓬径　20厘米

耐寒性　耐寒区 7

## 如何使用

虞美人种子可以用来烤面包和蛋糕，还可以放在咸味菜肴里。新鲜或晾干的种子头可做迷人的切花。

## 如何栽种

虞美人喜欢排水良好的土壤和全日照环境。虞美人最终的大小取决于不同的生长条件，土壤越肥沃越湿润，长得就越大。秋季一旦枯萎就立刻移除，春季重新播种（或者让植物自播）。

## 如何采收

使用切梗法收获种子头（详见《专题 5：收集种子和茴香花粉》，第 68 页）。

普通人种植与虞美人长得很像的鸦片罂粟是违法的，因此一定要正确地识别你的种子，一定要是虞美人（*P. rhoeas*）而不是鸦片罂粟（*P. somniferum*）。

# 香叶天竺葵

*Pelargonium*

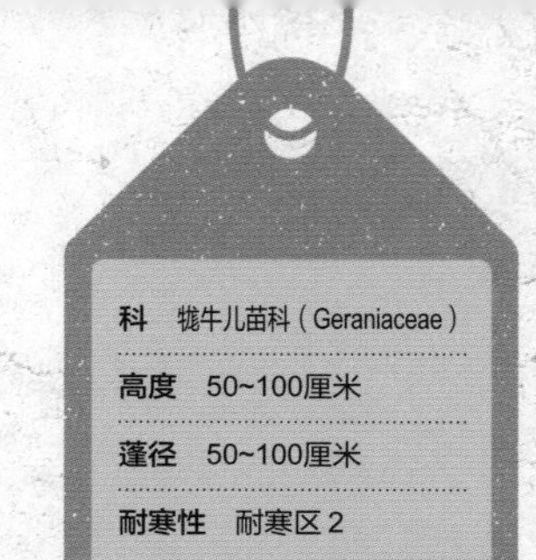


香叶天竺葵有时候会被误称为天竺葵，其实香叶天竺葵是一群杂交的天竺葵属植物，与观赏型的帝王天竺葵、马蹄纹天竺葵和盾叶天竺葵相关。所有的天竺葵都是适宜冷温带气候的室内植物，或者在温暖的时节和气候条件下养在露台上。香叶天竺葵有多种不同的香气，玫瑰［如“玫瑰油”(Attar of Roses) 香叶天竺葵］、柠檬或柑橘，以及薄荷的气味都是最易辨识的味道。

## 如何使用

叶片芳香浓郁，可以与糖混合，赋予糖香气，也可以为糖浆、烘焙食物增香。精油在商业上会用来制造香水和化妆品。

## 如何栽种

使用轻质堆肥土盆栽或者（在全年气温允许的地方）种在排水良好的土壤里。香叶天竺葵喜欢全日照环境，但也能耐受斑点树荫。适当摘掉枯花。早春时将茎剪短，保持植物的形状。

## 如何采收

根据需要采摘新鲜的叶片。

香叶天竺葵的其他香气有木香、树脂香或桉树香、肉桂香、薰衣草香、椰子香、苹果香和巧克力香。

# 紫苏

*Perilla frutescens*，也叫牛排植物

| 科 | 唇形科 |
| --- | --- |
| 高度 | 1米 |
| 蓬径 | 60厘米 |
| 耐寒性 | 耐寒区 3 |

紫苏是强健茂密的植物，是迷人的、适合夏季种在花坛里的一年生植物。紫苏叶在亚洲烹饪中应用广泛，尽管吃起来没有明显的甜味，却包含一种名为紫苏醛的化合物，甜度是糖的 2000 倍。

## 如何使用

新鲜叶片可以装饰或者拌入沙拉，也可以烹饪前用来包裹肉类。紫苏可以代替罗勒制作青酱（详见第 94 页），也可以拿来腌渍。花未开前摘下的花穗可以油炸（像蔬菜一样）。干燥的种子可以做调味品或者出芽后拌入沙拉。

## 如何栽种

紫苏喜欢湿润肥沃的土壤和全日照环境，但也能耐受半阴。定期掐尖以促使其茂密生长。秋季去除枯死的植株，春季再次播种。

## 如何采收

根据需要采摘新鲜的叶片和花朵。种子成熟后即可采收（详见《专题 5：收集种子和茴香花粉》，第 68 页）。

### 适合种在花坛里的香草植物

紫苏越来越多地作为一年生植物出现在夏季花坛的设计方案中，其茂盛的特性能确保土地很快覆盖满枝叶。紫色的、带褶皱的叶片品种红紫苏（*Perilla frutescens* var. *crispa*）特别显眼，很适合用来衬托红花、橙花和黄花植物。在香草花园或花盆里，可以与金盏花、尖辣椒或旱金莲搭配，或者用来强化玻璃苣中的紫色。

# 香辣蓼

*Persicaria odorata*，也叫越南芫荽、叻沙叶

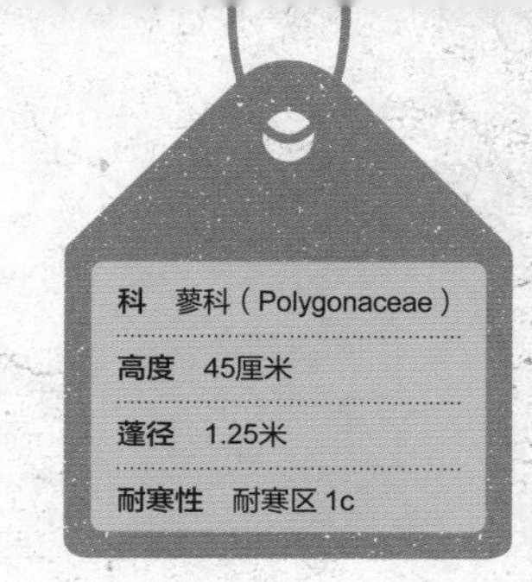


香辣蓼与其他观赏型的春蓼属品种外观类似，杂乱无序、蔓延生长，为不耐寒的多年生植物，据说有抑制性欲的功效。茎的结合处接触到土地就可以扎根，所以香辣蓼最好种在花盆里，这样天气寒冷时还可以挪入温室保护。

## 如何使用

根据植物不同的年龄，叶片的味道是不同的：幼龄时，新鲜的叶片吃起来更像芫荽（详见第 58 页），较老的叶片会更辣一些。可以放入沙拉里，也适合搭配鸡肉和鸡蛋类菜肴。

## 如何栽种

香辣蓼喜欢肥沃湿润的土壤以及全日照或半阴的环境。如果种在花盆里，要始终保持盆土湿润。必要时剪掉蔓延的茎，花期过后剪掉枯死的花穗。

## 如何采收

根据需要采摘新鲜的叶片。

冬季如果室内没有空间让香辣蓼蔓生的话，那么最好按照一年生植物对待，每年春季重新播种。

# 欧芹

*Petroselinum crispum*，也叫魔鬼草

欧芹不同寻常的俗名之一"魔鬼草"（devil-and-back-ten-times）来自传奇故事，讲的是种子一旦播下去，在发芽前会一路去到地狱，来回10次——因为每次撒旦都会给自己留下一些，所以要播下所需量的10倍才行（早期的时候欧芹发芽率较低）。现在，发芽率已经略微稳定，欧芹也已经成为香草花园和厨房的常客。本篇介绍的这款欧芹的叶片是卷曲的，想要扁平的叶片可栽种意大利欧芹（*P. crispum* var. *neapolitanum*）。

## 如何使用

新鲜叶片可以（零星地）放在沙拉里，或者切碎制作成格莱莫拉塔调味料（gremolata）、青酱（详见第94页）、欧芹酱（salsa verde）、塔博勒沙拉（tabbouleh）、法式欧芹大蒜调味汁（persillade）和阿根廷香辣酱（chimichurri）。欧芹比罗勒更适合烟花女意大利面（*spaghetti alla puttanesca*）；叶片和茎可以做调味酱和炖菜，也可以用来为高汤调味。

## 如何栽种

虽然原本是二年生植物，可欧芹最好按照耐寒的一年生植物对待。从春季到夏末持续播种，这样便可以全年稳定地收获新鲜的叶片。舍弃变老的、衰弱的或超过一年的欧芹。

## 如何采收

根据需要采摘新鲜的叶片和茎——欧芹会在收割后多次重新发芽。

饭后咀嚼一两片欧芹叶据说可以帮助消化和清新口气："之后，有些犯恶心，他去找了些欧芹。"（《彼得兔》，毕翠克丝·波特）

# 茴芹

*Pimpinella anisum*

科　伞形科

高度　50厘米

蓬径　30厘米

耐寒性　耐寒区 3

尽管许多香草都有茴芹的味道，不过本篇介绍的才是名副其实的茴芹，可用于制作茴芹糖球和各种利口酒。许多伞状花序的香草看起来都差不多，一定要确保你种的是真正的茴芹，因为有些相似品种是有毒的。

## 如何使用

茴芹子比茴芹叶的用途更为广泛，可用于烘焙，可放在咖喱中，也可制作茴香烈酒（ouzo）和法国茴香酒（pastis）等饮品。鲜叶可以直接放在沙拉里，也可以制作汤羹或放在蔬菜菜肴里。

## 如何栽种

茴芹最适合全日照环境，喜欢肥沃的沙质或排水良好的土壤。要使种子成熟，夏季必须足够漫长而炎热。生长季末移除枯死的植株，第二年春季播下新种。

## 如何采收

根据需要采摘新鲜的叶片。种子成熟后采收（详见《专题 5：收集种子和茴香花粉》，第 68 页）。

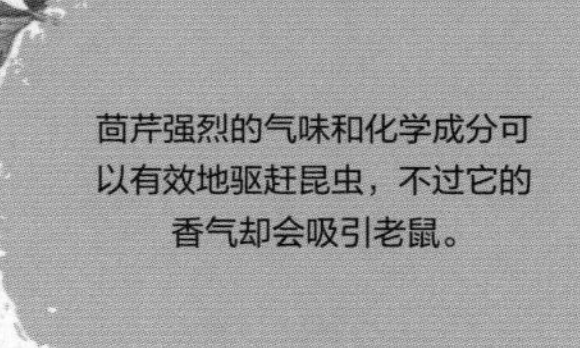

茴芹强烈的气味和化学成分可以有效地驱赶昆虫，不过它的香气却会吸引老鼠。

# 胡椒

*Piper nigrum*

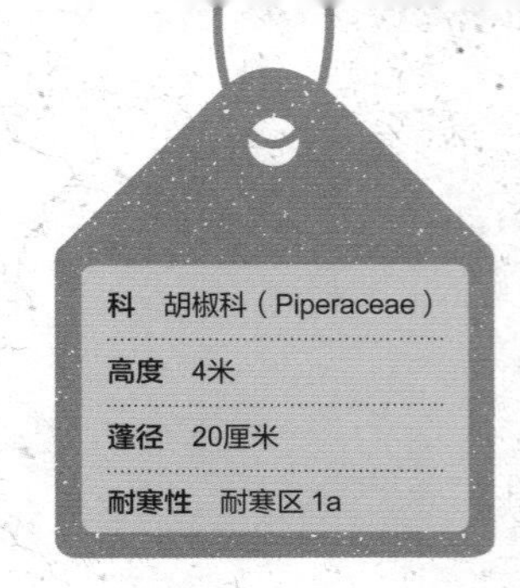


胡椒是厨房和餐桌上随处可见的调味品，原产于印度，属攀缘藤本植物，会在短穗上结出浆果。这些浆果有各种不同的使用方法：未成熟的新鲜浆果和腌渍浆果是绿色的胡椒粒，而已成熟的浆果和干浆果则是黑色的胡椒粒。成熟后采下并用水浸软（浸泡在水中两周）的浆果，去掉果肉，每颗里面的种子是白色的胡椒粒。

## 如何使用

胡椒粒——整颗或研磨成粉——几乎可以为所有的咸味和众多甜味菜肴调味。

## 如何栽种

斑点树荫和高湿度的、肥沃且排水良好的土壤以及热带生长条件最适合胡椒这种丛林植物。攀缘的嫩芽需要强有力的支撑物或者支架。要促使其结果，需将茎剪短至大约 30 厘米长，保留并用线绳绑住其中十几根最强壮的新枝，一年这样处理 3 次或 4 次。

## 如何采收

根据需要采摘成熟或未成熟的浆果。

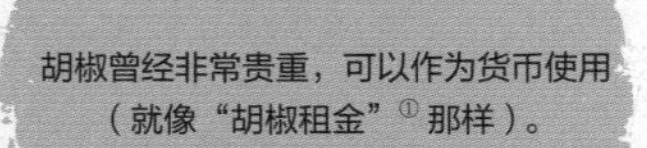


① 胡椒租金（peppercorn rent），有象征性租金的意思。1976 年，英国女王伊丽莎白二世在纽约的三一教堂接受了用 279 颗胡椒抵欠的 279 年租金。当时的胡椒可谓是“黑色黄金”，一颗能抵一间银行。——译者注

# 玫瑰

*Rosa*

| 科 | 蔷薇科（Rosaceae） |
| --- | --- |
| 高度 | 1~1.5米 |
| 蓬径 | 1~1.5米 |
| 耐寒性 | 耐寒区7 |

两种最佳的药用玫瑰是皱叶蔷薇[①]（*Rosa rugosa*，或称日本海滨玫瑰、刺玫花）以及药剂师玫瑰（*R.gallica* var.*officianlis*）。两种玫瑰都芳香馥郁，其中皱叶蔷薇的蔷薇果是所有玫瑰果实中最大最多汁的，所以，如果你的种植空间只够容纳一株植物，一定要选皱叶蔷薇。这个品种会开出粉红色的花朵，也有开白花的种类，叫作“白花”皱叶蔷薇（*R.rugosa*‘Alba’），不过要记得白花不会浸泡出任何的颜色。

## 如何使用

在糖、糖浆和酒里放入花朵，能够染上玫瑰的香气和味道。上述制品或者玫瑰花瓣，可以放在甜品和烘焙食物里。蔷薇果可以放入果酱、果冻或糖浆里。不要直接使用蔷薇果，因为上面满是小茸毛，会刺激咽喉。

**对玫瑰的爱恋**

一直以来，玫瑰都象征着爱情——情人节时花店随处可见的红玫瑰就是最好的证明。莎士比亚为朱丽叶选择了爱之花来哀叹罗密欧的姓氏：“名字有什么关系呢？把玫瑰叫成别的名字，它还是一样的芬芳。”然而，馈赠玫瑰时还是需要留意花语的，因为并非所有的玫瑰都和红玫瑰一般象征真爱。几乎所有的玫瑰都有着正面积极的含义，优雅（粉色）、谦逊（浅桃红色）、魅力（橙色）、迷人（紫色），但是黄玫瑰代表不忠和嫉妒，选择的时候要小心。

## 如何栽种

玫瑰喜欢全日照或斑点树荫环境，适宜种在肥沃的土壤中。皱叶蔷薇可以作为树篱，每株间隔约75厘米。贴地修剪掉枯萎和衰老的茎，缓解枝条的拥挤。摘掉枯死的花朵，以回归健康的新枝状态。对于药剂师玫瑰而言，只需要剪掉（冬季）枯萎或拥挤的枝条即可。

## 如何采收

花朵刚开时立即剪下，以获得最佳的香气。采摘成熟的蔷薇果，用手轻捏，感觉变软即成熟。

① 皱叶蔷薇是 *Rosa rugosa* 的直译，也称作刺玫花，是真正的玫瑰。——译者注

# 专题 9：香草鸡尾酒

没有什么比一杯沁人心脾的鸡尾酒（或无酒精鸡尾酒）更能代表夏季的到来。自己栽种的香草不仅可以装饰鸡尾酒，还可以或多或少地为其增添些许其他的风味。香草可以泡酒，还可以泡在糖浆里随后作为调酒配料使用；新鲜的叶子可以放在杯子里捣烂（大的碎片）或者仅用来装饰——香草可以和酒一起作为酒柜装饰的一部分。

## 为烈酒调味

杜松子酒是最常见的用植物元素调味的烈酒，用新鲜香草更能突出它本身的酒香，不过许多的中性酒，比如以伏特加为基酒的成品，香草味会更纯粹。泡有香草的糖浆也可以用来调酒（纯的或浸泡有其他材料的），可以为鸡尾酒增加另一种维度，制作起来也比直接泡在酒里的做法更快。以下是一些最适合泡酒（详见《专题 2：香草油、醋、酒和水》，第 40 页）或放在糖浆（详见“风味糖浆”，第 32 页）里的香草。和烹饪一样，可以不断尝试喜欢的风味或者挑战新的品种——试一试巧克力薄荷、柠檬或柳橙百里香以及凤梨鼠尾草（*Salvia elegans*）等。

罗勒（*Ocimum basilicum*）
月桂（*Laurus nobilis*）
绿豆蔻（*Elettaria cardamomum*）
果香菊（*Chamaemelum nobile*）
尖辣椒（*Capsicum annuum*）
柠檬（*Citrus* × *limon*）
丁香蒲桃（*Syzygium aromaticum*）
芫荽（*Coriandrum sativum*）
西洋接骨木（*Sambucus nigra*）
桂圆菊（*Acmella oleracea*）
英国薰衣草（*Lavandula angustifolia*）
茴香（*Foeniculum vulgare*）
辣根（*Armoracia rusticana*）
橙香木（*Aloysia citriodora*）
薄荷（*Mentha*）
皱叶蔷薇（*Rosa rugosa*）
迷迭香（*Salvia rosmarinus* syn. *Rosmarinus officinalis*）
番红花（*Crocus sativus*）
香叶天竺葵（*Pelargonium*）
茉莉芹（*Myrrhis odorata*）
香堇菜（*Viola odorata*）
百里香（*Thymus*）

## 捣烂香草

最常见的、用来捣烂的香草是薄荷，放在经典的莫吉托里，不过像是凤梨鼠尾草、黑醋栗鼠尾草（*Salvia microphylla* var. *microphylla*，也叫凹脉鼠尾草、小叶鼠尾草）、罗勒和橙香木也都很适合捣烂使用。

## 装饰

使用新鲜的香草嫩枝，如果有的话，最好用开着花的小短枝来装饰鸡尾酒。其他可食用的花朵，比如玻璃苣、香叶天竺葵、旱金莲、金盏花或桂圆菊（也叫电雏菊，给喜欢新鲜和刺激的顾客），则可以撒在饮品上，或者冻在冰块里。

**制作花朵冰块**

将整朵鲜花、花瓣或者香草的小嫩枝放入制作冰块的冰格里，小心地倒满水。把任何露出水面的部分刮下去，然后放到冷冻室中冷冻。

# 酸模

*Rumex acetosa*

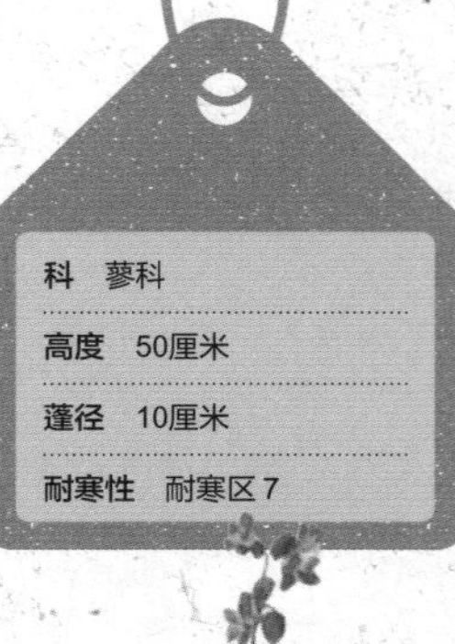


虽然和有害的阔叶杂草是近亲，有选错的风险，不过冲着酸模那带着柠檬味道的嫩叶还是值得人们去仔细甄别栽种的。定期采摘以确保春季和初夏有充足的叶片可供使用。其他类型也值得一试，比如盾叶或法国酸模（*R.scutatus*）以及迷人的红脉酸模（*R.sanguineus*）。

## 如何使用

新鲜的嫩叶可以拌沙拉，可以为蛋黄酱调味和上色，也可以放在小土豆、鸡蛋和鱼肉的菜肴中（老叶的苦味稍重）。酸模汁可以做清洁剂。

## 如何栽种

在半阴环境下使用湿润的土壤种植酸模，种在荫蔽处可以防止酸模生长季中过早开花。花期过后将枝剪短以刺激新叶生长。秋季去除所有枯萎的枝叶。

## 如何采收

根据需要采摘嫩叶。

罗马士兵曾经靠吮吸酸模叶来解渴。酸模汁还可以用来凝乳。

# 鼠尾草

*Salvia*（种）

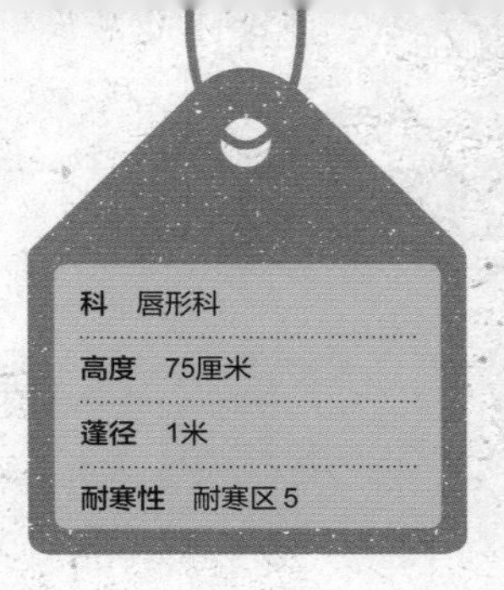


鼠尾草与它的烹饪搭档迷迭香和百里香一样，原产于地中海地区，强劲的樟脑味限制了它在烹饪上的使用。药用方面，鼠尾草可以用来制作漱口液或糖浆，是治疗咽喉肿痛的传统家庭疗法用材料，此外，人们认为食用鼠尾草有助消化。

## 如何使用

鼠尾草是厨房中味道浓重的食材，最好少量地用。鼠尾草可以很好地与猪肉、苹果、笋瓜（winter squash）、南瓜和豆类植物搭配使用。和洋葱一起，鼠尾草是传统馅料食谱中的一员，鼠尾草的嫩叶，尤其是南欧丹参（*S. sclarea*）品种，可以裹上面糊后油炸。南欧丹参和彩苞鼠尾草（*S. viridis*）的花穗很适合做切花，而从药用鼠尾草（*S. officinalis*）花穗上单独取下的小花味道很好，可以撒在沙拉表面。商业上，鼠尾草油是制作某些化妆品的成分，也是香水的防挥发剂；南欧丹参和彩苞鼠尾草会用在某些红酒、啤酒和利口酒中。

## 如何栽种

全日照环境或在斑点树荫下种植，使用排水良好的土壤。花期过后修剪以保持形状。每 5 年左右更换鼠尾草植株，因为它们会木质化和灌木化。

## 如何采收

根据需要采摘新鲜的叶片和花穗。可以剪下花梗悬挂晾干。

## 知名的品种和变种

**凤梨鼠尾草（*S. elegans*）**

这种不耐寒的多年生植物（耐寒性：耐寒区 1c）的叶片为鲜绿色，带有独特的凤梨香，花为深红色。嫩枝可以放在饮品和鲜果盘中。

**药用鼠尾草（*S. officinalis*）**

主要的烹饪用鼠尾草，叶片柔软，呈灰绿色，可以完美地衬托仲夏时节开放的蓝紫色花朵。

**"紫叶"药用鼠尾草（*S. officinalis* 'Purpurascens'）**

深紫色的叶片略带灰绿色，是许多香草花园中迷人的常驻嘉宾。和该种中其他植物的使用方法相同，深受药草栽培者青睐。

**南欧丹参（*S. sclarea*）**

这种生命短暂的多年生或二年生植物的花穗十分夺目，花朵呈粉红色和奶油色，有着香子兰和凤仙花的气息。

**彩苞鼠尾草（*S. viridis*）**

一年生植物，鲜绿色的叶片，深紫色的花朵。曾经作为鼻烟香料使用，可以为食物和饮品调味，还是天然的杀菌剂。

# 迷迭香

*Salvia rosmarinus* syn. *Rosmarinus officinalis*

| 科 | 唇形科 |
| --- | --- |
| 高度 | 2米 |
| 蓬径 | 2米 |
| 耐寒性 | 耐寒区4 |

迷迭香是花园和厨房里用途广泛的灌木。花朵是早春蜜蜂重要的花蜜来源。想要白花，可以种直立白花迷迭香（*S. albiflorus*）；想要粉花，可以种直立“粉红色”（Roseus）迷迭香；“西辛赫斯特蓝”迷迭香（*S.*‘Sissinghurst Blue’）比大多数品种的迷迭香着花量大，稍显直立属性。

## 如何使用

迷迭香浓郁的味道来自细细切碎的叶子或者整根小枝，小短枝可以在烤羔羊肉或其他烤肉烹饪后取下。迷迭香可用在许多咸味菜肴里，尤其是豆类、香肠和炖菜，也可以放在汤羹和一些甜味食品中。迷迭香可以泡在油里和醋里；商业上会用迷迭香油制作香水和化妆品。

## 如何栽种

迷迭香在全日照环境和排水良好的土壤中生长茂盛，在冬季它不喜欢一直潮湿的土壤。花期过后修剪枝叶可以促进茂密生长和保持形状。

## 如何采收

根据需要剪下新鲜的绿色嫩枝，在厨房摘下叶子；在幼龄迷迭香完全扎根前不要过度采摘。少量地剪下过长的木质化茎来做扦子——前期多种一些来保证成活数量；使用前再摘下叶子。

迷迭香的茎可以作为一次性扦子使用，这样能让迷迭香的味道浸入肉或蔬菜中；剪下整根枝条，从尖端到末端，去掉上面的叶子后即可穿上食物。

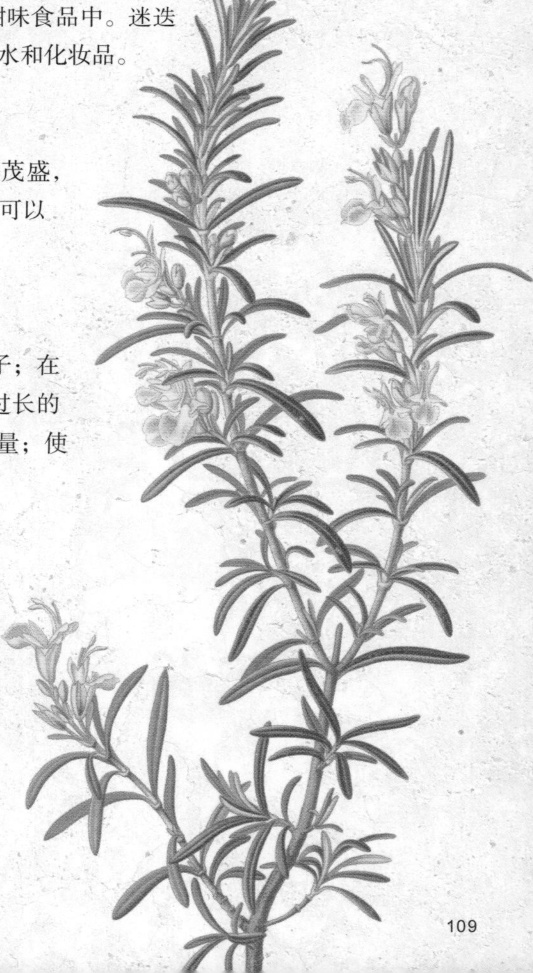

# 专题 10：香草的修剪与造型

修剪造型——将植物修剪成任意形状，从球形、锥形到孔雀形、大象形——是让植物按需生长的同时为花园增添趣味的极好方式。修剪后的植物形状和结构整齐，让人们的眼睛得以在一众随风飘扬的植物中轻松片刻。在菜圃和香草花园中，造型可以制造焦点（例如，花坛中央矗立着一棵巨大的月桂树，棒棒糖造型，枝叶都集中在顶部，树干清爽，整体约 1 米高），也可以做出低矮的树篱，间隔着种或者在角落处种几个稍大的锥形或球形造型香草。缘饰和树篱植物的使用可以追溯到 16 世纪——伊丽莎白一世时代，当时将香草作为结节园香气的构成部分。

### 适合造型的香草

受欢迎的可修剪成标准大小的香草植物有：

月桂（*Laurus nobilis*）
英国薰衣草（*Lavandula angustifolia*）
迷迭香（*Salvia rosmarinus* syn. *Rosmarinus officinalis*）

地栽或盆栽的植物，以下香草可以修剪成独立的形状或者作为树篱使用：

月桂（*Laurus nobilis*）
英国薰衣草（*Lavandula angustifolia*）
神香草（*Hyssopus officinalis*）
香桃木（*Myrtus communis*）
迷迭香（*Salvia rosmarinus* syn. *Rosmarinus officinalis*）
鼠尾草（*Salvia*）

### 造型植物的养护

要好好为花盆里独自生长的植物浇水，整个生长季都要施肥，有需要的话及时换盆。夏季为造型植物修剪 1~2 次，以保持形状。

1 掰掉侧芽，栽培成直立形（图中是一棵月桂树），保持主干清爽，限制掰掉的地方再次生长。掰掉基部的嫩芽，越低越好，以阻止芽点的生长。

2 为顶部造型时，始终在茎节处上方一点的地方做修剪，避免丑陋的残端受到感染。

3 要使顶部的大小和清爽的主干比例均衡。

# 西洋接骨木

*Sambucus nigra*，也叫接骨木花

▲ 食用其叶片和生浆果对身体有害

| | |
|---|---|
| 科 | 五福花科（Adoxaceae） |
| 高度 | 6米 |
| 蓬径 | 3米 |
| 耐寒性 | 耐寒区6 |

这种高大的分枝灌木或者小型乔木常见于城市的灌木丛和乡下的树篱，要感谢鸟儿们把黑色浆果中的种子散播开来。现代的变种，比如紫叶变种，和同类的其他品种或变种有着类似的用途，不过选择前需要比较一下花朵香味的功效。

## 如何使用

花朵可以在浸泡后用来制作甜果汁饮料（这也是该植物主要的商业用途）以及一种酒精“香槟”饮品，还可以放入其他饮品、果盘和果酱中（非常适合与同年一起成熟的鹅莓搭配享用）。变干后（详见《专题6：自制干香草》，第76页），花朵可以用来泡茶。浆果可以制成调味汁，特别是彭塔克酱汁（Pontack sauce），以及接骨木果浓缩汁（elderberry rob）等饮品，还可以制成果酱。叶片可以放入水中煮，过滤后制成杀虫剂。

## 如何栽种

全日照或半阴环境，使用肥沃湿润的土壤。每年冬末修剪接骨木以保持尺寸，如果可以，尽量多剪（接骨木一年可以轻轻松松长2米）。

## 如何采收

搜寻野生的西洋接骨木时，要选择花朵远离公路或粉尘污染物的。留下一些花来结果实。在干爽的日子采摘花朵，选择独立的小花已经开放半数的花头。采摘呈深紫黑色的浆果。夏季叶片随时可采，使用新鲜的叶片制作喷雾剂。

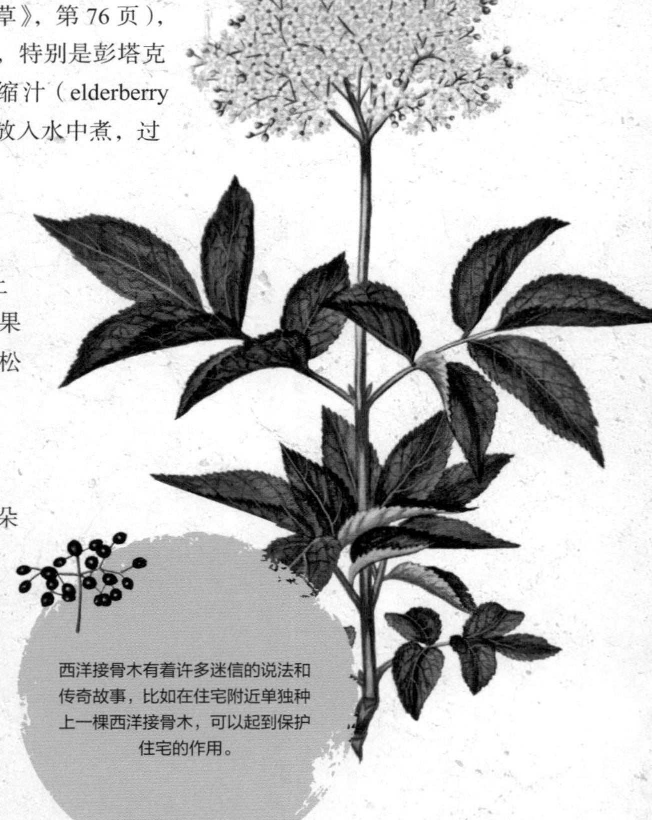

西洋接骨木有着许多迷信的说法和传奇故事，比如在住宅附近单独种上一棵西洋接骨木，可以起到保护住宅的作用。

# 多蕊地榆

*Sanguisorba minor*，也叫小地榆、花园地榆

| 科 | 蔷薇科 |
| --- | --- |
| 高度 | 60厘米 |
| 蓬径 | 30厘米 |
| 耐寒性 | 耐寒区6 |

多蕊地榆很适合做花坛和花境里的缘饰植物。行走时拂过或者脚下轻轻碾压叶片都会使其释放出清凉的香气。尽管多蕊地榆是一种烹饪用植物，不过它的属名却使用了药用的相关种名——地榆属（*S.officinalis*）。多蕊地榆的拉丁文直译为“浸泡在血里”，其中 *sanguis* 为“血”，*sorbere* 为“浸泡”。

## 如何使用

叶片可趁幼嫩时鲜食，可与软奶酪一起拌入沙拉，吃起来有股黄瓜的清香味。老叶最好用来泡水或者其他饮料，也可以晾干后当作茶来泡饮。

## 如何栽种

斑点树荫下使用湿润且排水良好的土壤。花期过后修剪以刺激新叶的生长。

## 如何采收

根据需要采摘新鲜的叶片。

多蕊地榆有着强大的根系，可以有效地控制土地侵蚀，可以用来挽救露天矿等荒地的土地流失。

# 园圃塔花

*Satureja hortensis*

| 科 | 唇形科 |
| --- | --- |
| 高度 | 20厘米 |
| 蓬径 | 30厘米 |
| 耐寒性 | 耐寒区 6 |

园圃塔花是德国香肠中的传统调味料，还是普罗旺斯香草的组成部分。味道很像牛至（详见第 93 页）和百里香（详见第 124~127 页），还有一股淡淡的松香。

## 如何使用

园圃塔花的叶片可以搭配大多数的酱汁，特别是番茄类调味汁，以及绝大部分蔬菜。还可以把它们放在橄榄腌泡汁里食用，是畜肉、鱼肉和牛奶佳肴的绝佳调味品。

## 如何栽种

选择排水良好甚至干燥的土壤，全日照环境。掐掉芽尖以促进枝叶茂密生长。秋末一旦枯萎即可整株移除。秋季播种，栽培新的植株，能在可加热的温室或室内越冬；或者种植冬香薄荷（见对页），以便保证后面的季节所需。

## 如何采收

根据需要采摘新鲜的叶片。可以剪下带叶的茎悬挂晾干。

园圃塔花是蚕豆的好伙伴，能帮助蚕豆击退黑蚜虫，和豆类放在一起烹调也十分美味。

# 冬香薄荷

*Satureja montana*

| 科 | 唇形科 |
| --- | --- |
| 高度 | 30厘米 |
| 蓬径 | 30厘米 |
| 耐寒性 | 耐寒区5 |

冬香薄荷是半常绿植物，味道和它的夏季表亲园圃塔花（见对页）差不多，不过冬香薄荷在一些地方可以全年采摘。叶片的味道略微辛辣，味道比园圃塔花重，所以用量可以更少一点。想要柠檬味的叶片，可以选择柠檬冬香薄荷（*S. montana* var. *citriodora*）。

## 如何使用

叶片可以为汤羹、炖菜、肉类、豆类和蔬菜类菜肴提味。

## 如何栽种

选择排水良好甚至干燥的土壤，全日照环境。剪掉花梗以促发新叶的生长。

## 如何采收

根据需要采摘新鲜的叶片。在有的地方冬香薄荷是常绿的，冬季也能采摘叶片，不过不要摘得过多，这样会令植物衰弱。

在冬香薄荷的原产地——地中海地区国家，人们时常会把它称作“豆草”（bean herb）。它不仅可以用来搭配干豆类菜肴，据说还能减少因食用豆类而导致的胃胀气。

# 甜叶菊

*Stevia rebaudiana*

由于人们越来越关注精制糖对健康所造成的影响，因此甜叶菊迅速地成了健康的甜味剂替代品。它的叶片会提供一种名为甜菊苷的化合物，是蔗糖甜度的300倍，嚼嚼叶片就能有甜味。

⚠ 在一些国家种植会受到法律的限制

科　菊科

高度　20厘米

蓬径　30厘米

耐寒性　耐寒区6

## 如何使用

在南美洲，多年来一直用甜叶菊的叶片作为泡茶时使用的甜味剂。它还可与其他香草一起配合使用，泡成甜茶或者制成汤药。

## 如何栽种

全日照环境，使用湿润的沙质土壤。掐掉芽尖以促进植株茂密生长。花期过后剪掉花梗。

## 如何采收

根据需要采摘新鲜的叶片。

作为无卡路里的甜味剂，甜叶菊广泛用作软饮料的添加剂，甜叶菊这个名字也成为卖点。不过，过量使用会带来一定的副作用，如眩晕、头疼、肌肉酸痛和胃胀气。和其他香草一样，甜叶菊最好也是适量使用。

# 聚合草

*Symphytum officinale*，也叫正骨草、康复力

⚠ 枝叶可能会刺激皮肤

科　紫草科

高度　1.25米

蓬径　60厘米

耐寒性　耐寒区 7

一旦用覆盖物覆盖或者泡在水里，这种大有益处的花园植物就能为其他植物提供天然的肥料。不过，聚合草一旦扎根便很难根除，变得具有侵略性。用聚合草的叶子制成的湿敷药是治疗骨折和皮肤疾病的传统药剂。

## 如何使用

叶片可以切碎后作为高氮护根肥料覆盖在其他植物基部，或者泡在装有水的桶里制成液肥。

## 如何栽种

全日照或半阴环境，使用湿润的甚至潮湿的土壤。秋季或冬季剪掉枯死的枝叶。

## 如何采收

根据需要采摘叶片，新鲜或晾干使用均可。

虽然聚合草叶片上的小茸毛可能会刺激皮肤，但这些小茸毛会在口中化掉，所以嫩叶鲜食或做熟（通常会制成油炸食品）后吃不出毛刺的感觉。不过，其中含有的某种生物碱具有肝毒性，因此，聚合草还是当作尝鲜猎奇的食物浅尝即可，不要贪食。

# 丁香蒲桃

*Syzygium aromaticum*

| 科 | 桃金娘科 |
| --- | --- |
| 高度 | 15米 |
| 蓬径 | 4米 |
| 耐寒性 | 耐寒区 1a |

丁香蒲桃是国际贸易的重要香料。据记载，大约2000年前，丁香蒲桃就已经在整个欧洲和亚洲传播流行。口中含一颗丁香蒲桃，不仅可以清新口气，还能缓解牙痛。

## 如何使用

整颗的丁香蒲桃是制作腌料和卤料包的重要成分，还可以把丁香蒲桃插在橙子里制成香盒——带着香气的冬季装饰物，这一做法沿袭了过去掩盖难闻气味的方法。丁香蒲桃粉可以用在烘焙食物和腌菜里，尤其是肉馅和姜饼中。

## 如何栽种

全日照环境，使用排水良好的肥沃土壤。如果是无霜的生长环境且放在阳光充足的地方，即便这种环境下可能不会开花，但也完全可以作为室内绿植养在大的花盆里。春季修剪，保持尺寸。每年换土换盆。

## 如何采收

采摘未开的花苞，晾干后储存。

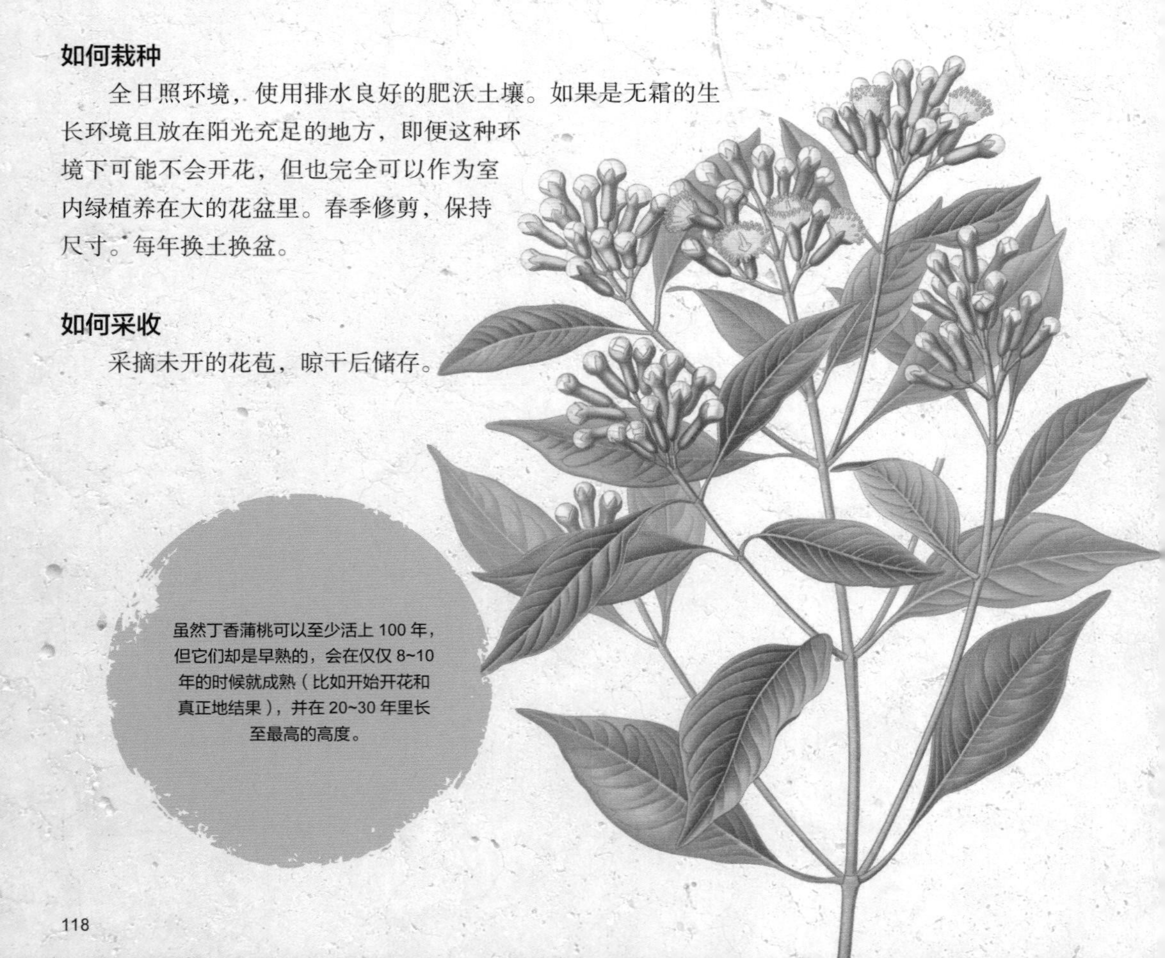

虽然丁香蒲桃可以至少活上100年，但它们却是早熟的，会在仅仅8~10年的时候就成熟（比如开始开花和真正地结果），并在20~30年里长至最高的高度。

# 短舌匹菊

*Tanacetum parthenium*

▲ 枝叶可能会刺激皮肤

科 菊科

高度 60厘米

蓬径 40厘米

耐寒性 耐寒区6

历史上短舌匹菊有多种药用功能，但奇怪的是，它很少用来治疗发烧[①]。这种植物不能食用，也不能作为家庭用药，因此对家庭来说种植短舌匹菊的主要价值就是用来观赏。虽然是多年生植物，却非常短命，不过作为弥补，它们会愉快地在花园里自播。

## 如何使用

作为观赏植物，短舌匹菊夏季会开出大量像是雏菊一样的花朵。“怒放”短舌匹菊（*T. p.* ‘Flore Pleno’）为重瓣白色花朵，很适合做切花，而“大拇指汤姆白色星星”（Tom Thumb White Stars）则是紧凑的重瓣变种，是漂亮的缘饰和盆栽植物。晾干的叶片可以绑在平纹细布制成的香囊上，放在衣物上用来赶走飞蛾。

## 如何栽种

短舌匹菊最适合种在排水良好甚至有些干燥的土壤里，需要全日照环境。花期过后修剪以免自播并刺激新叶的生长。秋季或冬末移除枯死的枝叶。

## 如何采收

根据需要采收切花。初夏时，在开花前采摘叶片并晾干。

① 短舌匹菊的英文名为 feverfew，而发烧的英文名为 fever，由此作者发出感慨。——译者注

在临床试验中，证明短舌匹菊可以有效地缓解偏头痛，不过副作用较为严重。不同情况下会有用药禁忌，因此短舌匹菊作为药物使用前需咨询专业医生。

# 专题 11：香草草坪和座椅

果香菊草坪有种浪漫的乡村别墅的感觉，也适合用在小块的城市装饰用地上，无须修剪，香气宜人，适合夏日时节躺在上面看本好书。用匍匐百里香等其他矮生香草做开花草坪也可以，既不用除草还对野外生物有益。如果没有地方做草坪，也可以用水槽或者浅些的升高植床造一个芬芳的座椅（肯特郡的西辛赫斯特花园里有着果香菊座椅的典范，邱园的女王花园里也有）。

## 基本原则

种植深度至少为 20 厘米，造座椅的话最好再深些（要足够高，坐在上面才会舒服）。要确保容器或升高植床能够很好地排水。香草需要全日照环境才能长出最好的状态，不过它们也能耐受一天里一小段时间的斑点树荫。

## 可以使用的香草

开花的果香菊会越长越乱，草坪中间会留有缝隙。想要更紧凑的、不开花但仍有香气的草坪，可以种矮生果香菊“特雷尼亚格”。同样适合栽种的还有匍匐百里香，早生百里香（*Thymus praecox* subsp. *polytrichus*）或铺地百里香（*T. serpyllum*）。

## 种植和养护

打算做成草坪的地方，栽种前一定要彻底根除杂草，这样日后就省得再去挖和草坪植物缠绕在一起的多年生杂草的根系了。要么彻底翻地，去除所有的杂草和根系，然后放置几个星期看看有没有漏网之鱼；要么喷洒有草甘膦成分的专用除草剂，待叶子完全枯萎后翻地，去除所有的叶和根。仔细并彻底耙地找平，栽种前去除土地表面所有的石块。香草座椅的准备工作非常简单，只需要把想用的容器或植床填上盆栽用土即可。

草坪和座椅一样，把种在 9 厘米花盆里的植物以 10~15 厘米的间隔种下（因此每平方米需要大约 100 株植物）。植物种得越近，草坪覆盖裸露地块的速度就越快，不过成本也就越高。

刚种下后的几周内以及干旱期，要好好为草坪或座椅浇水。至少 3 个月不要在草坪上走动或坐在座椅上，要让植物有时间生长至成熟和扎根，最好等够一整年。

此后，每年用园艺剪修剪草坪，剪掉任意生长的新枝和花梗，然后轻轻地掸掉。

1 在座椅或长凳上铺盆栽用土，填至靠近边沿处的位置。

2 插入植物，使叶片顶部和座椅的边缘保持水平，然后浇透水，坚持定期浇水直到植物完全定根。

3 果香菊会长成密实的带着清香的草垫。

# 药用蒲公英

*Taraxacum officinale*，也叫狮子牙、仙女钟、尿床草

| 科 | 菊科 |
| --- | --- |
| 高度 | 30厘米 |
| 蓬径 | 30厘米 |
| 耐寒性 | 耐寒区7 |

药用蒲公英虽说是众所周知难对付的杂草，不过其实它用途广泛，不仅是有名的利尿剂还能用于烹饪。只要不让药用蒲公英结子，它们便可以轻松地在香草花园中赢得属于自己的位置。

## 如何使用

花瓣可以制成果冻或果酒。叶片幼嫩时可以拌入沙拉生食，稍老些的最好焯水或者做熟后再吃以去除苦味。商业上，叶片和根会被用来为饮料调味（例如，药用蒲公英和牛蒡），根晾干后磨成粉可拿来代替咖啡。药用蒲公英叶还深受豚鼠和陆龟等宠物的喜爱。

## 如何栽种

药用蒲公英能适应大部分的土壤，不过要种得足够深；如果需要挖出根来使用，栽种时最好选择容易挖掘的土壤。全日照的地方有利于叶片和花朵长出最好的状态。摘掉枯花以确保药用蒲公英不会自播。

## 如何采收

根据需要采摘花朵和叶片。秋季可以挖出够种两年的药用蒲公英的根。

**卡尔佩珀借药用蒲公英讽刺医生**

卡尔佩珀详细介绍了药用蒲公英的各种药用功效和极易生长（“它全年不是在这里就是在那里开花”）的事实后，他又抓住另一个机会去挖苦他所在行业（英国的）的业内人士：“你在这里看到这种普通的香草有着诸多益处，这就是法国人和荷兰人春季经常吃它的原因；现在如果你稍微往远看看，你可以不戴眼镜就看得很清楚，外国的医生可不像我们的医生那样自私，他们会更多地告诉人们植物的好处。”

# 塔斯马尼亚山胡椒

*Tasmannia lanceolata*

| 科 | 林仙科（Winteraceae） |
| --- | --- |
| 高度 | 4米 |
| 蓬径 | 2.5米 |
| 耐寒性 | 耐寒区4 |

塔斯马尼亚山胡椒和天然的肉桂型香料林仙（*Drimys winteri*）是近亲，经常被称作并按照矮茴香（*Drimys aromatica*）这个名字售卖。深绿色的叶片和微微泛红的茎也带有肉桂香气，开白色的花。总的来说，它是一种迷人的、不需经常养护的植物。

## 如何使用

鲜叶或干叶都可以用来泡茶。晾干的浆果可以作为胡椒整颗或磨粉使用。

## 如何栽种

种在温暖有遮蔽的地方，斑点树荫下，使用肥沃、湿润但排水良好的土壤。这种灌木本不需要修剪，但春季可以剪一剪以保持形状（可作树篱）。

## 如何采收

根据需要采摘叶片。秋季浆果一旦成熟即可收获，晾干后储存起来。

研究发现，塔斯马尼亚山胡椒中的化合物可以有效抑制导致食物变质的微生物，同时还具有抗氧化的功效。

# 百里香

*Thymus*（种）

| 科 | 唇形科 |
| --- | --- |
| 高度 | 20~50厘米 |
| 蓬径 | 20~50厘米 |
| 耐寒性 | 耐寒区 5 |

百里香是用途最为广泛的香草之一，种类繁多，可以满足香草花园的各种需求。叶片采摘过多会使植物变得光秃秃的（反正原本也是最好每 3~4 年更换，不然会木质化），所以多种一些以确保叶片和花朵有稳定的产量。

## 如何使用

百里香的叶片（新鲜的或干燥的）可以作为调味料放在许多咸味和甜味菜肴中。百里香搭配肉类和蔬菜（尤其蘑菇）同样出色，还是巧克力、奶油布丁和大部分水果的完美伴侣，与草莓和桃子可谓绝配。百里香可以放在腌泡汁、油和醋里，它还是普罗旺斯香草和香草束的组成原料之一。花朵可食用，带有淡淡的百里香的味道，可以作为配菜或装饰使用。商业上，百里香油是牙膏和抗风湿药膏的主要成分之一。

## 如何栽种

排水良好的土壤和全日照环境最适合百里香各个品种的生长。花期过后修剪，以免植物杂乱蔓生，同时还可以刺激新叶的生长。

## 如何采收

根据需要采摘叶片和花朵。

## 知名的品种和变种

**樟脑百里香（*T. camphoratus*）**

就像名称中所写的那样，叶片上有股独特的樟脑香，最适合搭配味道浓郁的菜肴，比如烤肉。

**柠檬百里香（*T.* × *citriodorus*）**

柠檬百里香是紧随普通百里香（*T. vulgaris*）之后的最值得栽培的品种，香气芬芳，非常适合搭配鱼肉和泡在甜甜的糖浆里（用来做甜点或鸡尾酒）。柠檬百里香也适合泡茶，单独泡或者与其他香草一起均可。和它类似的“银皇后”百里香（*T.* ‘Silver Queen’），有着银色和奶油色的斑叶，但不太耐寒。

**“橙香”百里香（*T.* ‘Fragrantissimus’）**

叶片带着橙香，主要用于鸡尾酒、水果或奶油基底的甜点中。

**冬季百里香（*T. hyemalis*）**

该种百里香从外观和用途上都和普通百里香类似，只不过是冬季开花，仅在法国的苗圃中有售。

**早生百里香（*T. praecox* subsp. *polytrichus*）**

这种匍匐生长的百里香会长成短短的、毛茸茸的草垫，和其他品种的百里香一样也能用于烹饪，还可以打造出极佳的草坪或座椅，或者种在铺路石的缝隙中，让小径充满芳香。

**宽叶百里香（*T. pulegioides*）**

这种百里香有着类似于普通百里香的味道，可以说特点不够鲜明，但它那绿油油的叶片让整棵植物看上去非常迷人（可以轻松从茎上摘下）。该品种中黄色斑叶的变种为“弓箭手的黄金”宽叶百里香（*T. pulegioides* ‘Archer’s Gold’）。

**铺地百里香（*T. serpyllum*）**

此种匍匐生长的百里香外观很像早生百里香，不过是开粉花的。两者的精油不同，因此这种百里香多用来制药，比如说杀菌剂。

**普通百里香（*T. vulgaris*）**

这种百里香广为人知，广泛地用于烹饪中，还具有防腐和抗真菌的特性，其精油用于芳香疗法和化妆品中。“直立”普通百里香（*T. vulgaris* ‘Erectus’）是更为直立的变种。

# 胡卢巴

*Trigonella foenum-graecum*，也叫希腊三叶草

| 科 | 蝶形花亚科（Papilionaceae） |
| --- | --- |
| 高度 | 60厘米 |
| 蓬径 | 40厘米 |
| 耐寒性 | 耐寒区 3 |

胡卢巴是已知最古老的香草之一，栽培记录最早可追溯至公元前4000年，历史上用作动物的饲料。胡卢巴的医药用途众多且各不相同，它还是重要的烹饪用香草。在寒温带气候条件下，胡卢巴既可以按照正常尺寸栽培，也可以作为发芽的种子或作为微叶栽培。

## 如何使用

新鲜叶片可以拌入沙拉或者放在汤羹里，也可以和咖喱同煮。种子（烘焙以去除苦味）可以整颗或磨成粉后放入腌菜、咖喱（胡卢巴种子是咖喱粉的基本成分）、炖菜和面包里。胡卢巴也可以作为绿肥——套种于疲惫土地中的作物，之后收割并翻入土地中。

## 如何栽种

全日照环境，选择排水良好的土壤。不需要种子的话，花期过后割掉花梗以促发新叶的生长。生长季末去除枯萎的植物。

## 如何采收

根据需要采摘新鲜的叶片，种子成熟后即可收获。

在种有番茄和甜玉米等作物的土地上，在较高的蔬菜植物下面人工播撒胡卢巴的种子，随后可以长成压制杂草生长的草垫，它们不仅有可以食用的叶片，还有能吸引传粉昆虫的美丽花朵。

# 旱金莲

*Tropaeolum majus*，也叫金莲花、印度水芹

| 科 | 旱金莲科（Tropaeolaceae） |
| --- | --- |
| 高度 | 3米 |
| 蓬径 | 2米 |
| 耐寒性 | 耐寒区 3 |

旱金莲因稳定的出芽率经常会用在孩子们的播种活动中，其鲜艳的色彩是花园中很棒的装饰。旱金莲的蔓生变种要么满地爬，要么爬满支撑物，要么从较高容器的四面垂下，不过也有更加紧凑、茂密的栽培品种可供选择。花色从比较传统的红色和橙色一直到深紫色和奶油色，不一而足，所有变种的使用方法都和真正的旱金莲品种完全一样。

## 如何使用

新鲜的叶片可以生吃或者像菠菜那样焯水，用在像意大利肉汁烩饭（risotto）这类菜肴中。花朵和叶片有着相同的胡椒味，可以放在沙拉中或泡在醋里。未成熟的种子可以腌制（称作“穷人的刺山柑花蕾”），成熟的种子可以像胡椒那样磨粉后做调味品。

## 如何栽种

土壤越湿润，旱金莲长得越强健，不过要让叶片长得更好需要以牺牲花朵为代价。旱金莲可以在大部分地方生长，不过最喜欢全日照环境。如果不需要收获花朵和种子，它们可以快乐地在花园里自播。生长季末移除枯萎的植物。

## 如何采收

根据需要采摘叶片和花朵。夏季可以收获尚未成熟和已成熟的种子。

在菜园里种些旱金莲，可以把蚜虫吸引到旱金莲这里，让蔬菜逃过一劫。

# 专题 12：香草花环

常绿香草剪下后可以放置很长时间，可以用来制作成美丽的圣诞花环、复活节花环，或者用于一年中其他重要的时刻。大多数花环都可以使用两周左右，但如有需要，可以把最干的部分用新叶替换，就能放置更长的时间了。

## 可以使用的香草

迷迭香、百里香、英国薰衣草和月桂叶都是制作花环的上佳选择，既可以单独使用，也可以混搭在一起。开花的英国薰衣草非常适合制成夏日的花环，迷迭香则可以制成芬芳的冬日花环。

花环上也可以添加其他的香草来增添变化和色彩，例如尖辣椒、鼠尾草和牛至。总的来说，木质化多些且叶片较厚的植物，剪下后摆放的时间较久。这一条也同样适用于植物生长的不同部位——较老较厚且颜色较深的月桂叶会比薄的新生的嫩叶要持久好看得多。

## 花环的骨架

花环的骨架可以用金属丝（可反复使用）或者扭曲变形的榛树（*Corylus*）、柳树（*Salix*）或山茱萸（*Cornus*）的枝条。无须使用花泥或泥炭藓，香草不需要水就能摆放很长时间。

圆形花环是最常见的基本款，很容易制作，除此之外，像是泪滴形、椭圆形或者星形等其他几何图形的制作也相对简单。星形很适合用迷迭香来做装饰。

## 制作花环

剪下香草——仅使用顶部的带叶小枝（先前修剪时剪下的枝条可用在这里），10~15 厘米长，长度取决于花环的大小和形状。

将 3 根或 4 根小枝集中在一起，用金属丝绑好，先用金属丝缠住小枝的底部固定好，然后再绑在花环的骨架上。剪掉多余的金属丝后把末端塞好。下一束短枝应固定在第一束长度大约一半的位置并与之重叠，以此类推，直到骨架完全覆盖为止。制作时，经常拎起花环，模拟花环悬挂时的状态，这样可以及时处理松散的部分。最后的几束需要塞到第一束的下面以保持花环的匀整。

做好后，选择花环最佳的悬挂点——可以 360° 旋转来确定。然后，在选定处绕着植物和骨架系上金属丝圈或绳圈，这样花环就可以悬挂了。

1 每次绑一小束（这里使用的是迷迭香），使用时紧紧地固定在骨架上（这里使用的是金属圈）。

2 检查骨架上的香草束，需间隔均匀。

3 尖辣椒等果实可以为花环增色。

4 花环是厨房中用来装饰以及晾干和保存月桂叶的方法。

# 异株荨麻

*Urtica dioica*，也叫大荨麻

尽管人们总把异株荨麻当作杂草，可它能为花园和园丁帮大忙，只不过要一直戴着手套哦！由纤维构成的茎可以用来织布，植物本身则是各种蝴蝶幼虫宝贵的食物来源。

⚠ 会刺激皮肤。食用后可能会中毒

科　荨麻科（Urticaceae）

高度　1.5米

蓬径　1米

耐寒性　耐寒区 7

## 如何使用

新鲜的嫩叶可以烹调后食用（绝不能生吃），可以在各种菜肴中代替菠菜使用。叶片在传统中会被用来包裹康沃尔雅格奶酪（Cornish Yarg cheese），还可以是啤酒的成分之一。嫩叶可以晾干后泡茶。切碎的异株荨麻是绝佳的护根盖料，或者可以放入堆肥中。

## 如何栽种

异株荨麻可以耐受大部分土壤和环境。如果不加以控制，不定期挖出匍匐的根状茎的话，很快就会泛滥成灾。剪下花梗（只要上面没有毛毛虫）以促发一些新叶的生成。冬季剪掉枯萎的茎。

## 如何采收

根据需要采摘新鲜的嫩叶。较老的叶片会有颗粒感，尽量别吃。

商业上种植异株荨麻主要是为了它们身上的叶绿素，可以为食物着色。

# 香堇菜

*Viola odorata*，也叫紫罗兰、香堇

| 科 | 堇菜科（Violaceae） |
|---|---|
| 高度 | 15厘米 |
| 蓬径 | 50厘米 |
| 耐寒性 | 耐寒区6 |

在英国维多利亚时期，香堇菜非常流行，它既是时髦的佩花，又是香水的原料，不过作为作物栽培的历史需要追溯到至少公元前400年的希腊。香堇菜一般开深紫色的花，想要白色的花可以种植“白花”香堇菜（*V.odorata* ‘Alba’）。

## 如何使用

嫩叶可以拌入沙拉或者泡茶。花朵可以浸泡在糖浆里，之后用来泡茶，或者糖渍后作为可食用的蛋糕装饰物。香堇菜也可以做漂亮的切花。商业上，香堇菜油是制造香水和食品调味料的成分。帕尔马紫罗兰（Parma violet）糖果的香气就来自香堇菜。

## 如何栽种

和排水良好的土壤相比，香堇菜更喜欢斑点树荫和湿润的土壤。它们很容易蔓延和大量繁殖。定期摘掉枯死的花头以延长花期。

## 如何采收

春季根据需要采摘花朵和新鲜的嫩叶。

**紫罗兰（香堇菜的别称）**

紫罗兰住在她绿林中的闺房，
那里的桦树粗枝与榛树枝条交织缠绕，
唯愿自己是最美的花儿，
在幽谷，在矮林，在林中的峡谷。

该诗节选于沃尔特·斯科特爵士（Sir Walter Scott）的《紫罗兰》（*The Violet*），既赞颂了美丽的花，同时又向园丁指明了这种植物喜欢的栖息地。

# 姜

*Zingiber officinale*

| 科 | 姜科 |
| --- | --- |
| 高度 | 1.5米 |
| 蓬径 | 1米 |
| 耐寒性 | 耐寒区 1b |

姜很适合盆栽，在凉温带气候地区可以作为迷人的室内植物，而在炎热的地方则是很棒的花境植物。生姜作为调味品用途甚广，鲜姜和干姜有着截然不同的风味，嫩姜又是另一种味道，不过所有的姜据说都有缓解恶心的功效。

## 如何使用

鲜姜可以放在咖喱菜肴、炒菜、汤羹、肉类、鱼类和腌菜里。根（榨汁或切片）可以用来泡茶，也能制作健康饮品和甜果汁饮料。干姜可以糖渍，嫩姜球可以渍在糖浆里。干姜和姜粉可以放在烧烤酱和辣酱里。蒸鱼或烤鱼前，可以用姜叶把鱼裹起来，为鱼肉增香。

## 如何栽种

在全日照或半阴环境下，将新鲜的根状茎（根）种在排水良好的肥沃土壤中。姜需要高度潮湿的空气。如有必要，剪去枯萎的叶片。

## 如何采收

根据需要收割叶片。姜种下后，至少需要 18 个月才能挖出根和切下子姜，或者等长到可以使用的大小再挖，可以留下些姜用来栽种。把姜冷冻或者晾干保存。

刚收获的新鲜根状茎上会有嫩姜，可以直接生食或者泡在糖浆里。根状茎可以晾干，变得富含纤维并形成外层的薄皮，这种称作姜根。

# 香草的命名

香草是园丁们极佳的资源，但如果要用在厨房或家里的其他地方，最好确保自己能正确识别植物种类。俗名可以作为香草条目中辨别植物的辅助手段，读起来不会太冗长，而且这些名称一般都是说明（有的很逗）该香草过去在历史上的用途的。不过，这些俗名在不同国家之间，甚至在同一个国家的郡和州之间，都有着天壤之别，同一俗名会对应许多不同的植物。每种植物在国际上通用的独一无二的唯一名称就是植物学拉丁名。

植物群落所对应的植物学拉丁名遵循简单的双名法，即属名加种名的方法。由此对于英国薰衣草（*Lavandula angustifolia*）而言，*Lavandula* 为属名，包含许多具有相似特性的薰衣草植物，比如 *L. stoechas*（法国薰衣草）；*angustifolia* 为种加词，更接近所识别的这种植物。名称中的其他部分还包括栽培种（栽培的变种）或变种名称，比如"希德寇特"（Hidcote），放在名称最后——*L. angustifolia* 'Hidcote'，进一步说明所要辨别的植物的特性，比如形状或颜色。这种命名法还会给出植物培育地的线索，例如"希德寇特"，就是在希德寇特花园里培育出来的一种英国薰衣草。

随着植物学家基于 DNA 分析（这是早期的植物命名法专家们所没有的，他们只能依靠植物的外观来确定其家族关系）后对植物的重新分类，植物名称会经常变更。最新的植物名称可以登录国际植物名称索引（International Plant Names Index）网站（www.ipni.org）查询。每年出版的《英国皇家园艺学会植物发现者》（*RHS Plant Finder*）是寻找花园植物最好的参考资料。

# 常见问题

在所有的花园植物中，香草的病虫害是相对较少的，大问题也比较少见。主要的麻烦都列在下面了。预防永远都比治疗强，所以一定要把香草放在最佳的生长环境中，确保健康（不能缺水、缺营养，生长中不能没有空间或光照）并规避潜在的疾病侵袭。

将香草和其他类型的植物交织地种在一起，不要大面积、大批量地种植单一类型的植物，这种种植策略会降低重大虫害的发生率。可以把花期长久的本地植物种到你的花坛、花境或者花盆里，它们可以帮助吸引和供养有益的生物。这些生物包括传粉昆虫、捕食性动物和寄生生物，它们可以确保种子和果实得以传播，并将害虫的数量控制在可接受的范围内。

## 害虫

香草植物特有的、最糟糕的害虫就是迷迭香甲虫，它们的鞘翅非常漂亮，带有斑纹，具有闪烁的荧光。成虫和幼虫都以许多香草的叶片为食，包括迷迭香、英国薰衣草、鼠尾草和百里香，不过倒是不会害死植物。对待这种害虫，只需要在倒置的雨伞或床单上摇晃植物就能轻松去除和处理掉。

蚜虫倾向于专攻植物幼嫩新生的部分，它们一般都聚在茎的末端或者叶片下面，在那里吮吸汁液并把黏糊糊的“蜜露”排泄在植物上（这样会导致后续感染烟煤病）。最好一发现就立即捏爆蚜虫或剪掉感染的部分，这样有助于防止蚜虫的快速滋生和蔓延。

粉蚧也是靠植物的汁液为食，它们毛茸茸的，体表有白色的蜡质覆盖物，喜欢聚集在叶腋处和其他不易够到的地方，很难去除。粉蚧喜欢温暖的环境——温带气候区的室内，最好用手一个一个去除，或者用小号画笔或棉签蘸肥皂水处理。

蛞蝓和蜗牛——以多年生植物的幼苗和成熟的植物为食——在每个花园里都能找得到。最有效的防御方式就是早晚巡查花园，一经发现就立刻下手处理。它们会躲在脆弱的植物下，就在茎颈上方，使用带尖的沙砾或者园艺沙处理，这是一种很有效的方式，可以让这些讨人厌的软体动物走投无路——尤其适合撒在盆栽植物周围，还可以帮助保水。

## 病害

香草的病害主要是由真菌、细菌或病毒引起的，其中真菌性病害是最为常见的。灰霉病（葡萄孢菌病的一种）会在植物处于潮湿拥挤的条件下感染，尤其是幼苗。一看到毛茸茸的灰色真菌出现，就要去除已经感染的部分（或者整株植物），如果可以的话，最好将植物剪至出现健康组织的位置。一定要尽可能确保易受侵害的植物的安全，并保证周围通风良好。

霉病也是真菌性病害。粉状的霉菌会在叶片表面覆盖一层白色的粉末，典型的特征是叶片会枯萎扭曲。霜霉病不易发现，不过每片叶子的表面都会出现褪色的斑点，同时，与之对应的叶片底部会有一小块霉菌。这两种霉病都易在闷湿的环境下滋生，然后迅速席卷叶片，不过粉末状的霉菌也会在较为干燥的条件下感染植物，通常和降水不足导致植物反复遭受压力有关。一旦发现就赶快去除感染的叶片，同时要充分为植物浇水和用护根覆盖根部。

薄荷锈病（也是真菌性的）会感染薄荷、甘牛至、牛至、园圃塔花和冬香薄荷等植物，导致叶片上出现橙色（有时为黄色和黑色）的肿斑，之后会变成棕色并死亡。这种真菌还会使嫩叶扭曲。一经发现立即处理掉整株植物。葱锈病在北葱上有着类似的肿斑，须舍弃整株植物。

## 失调

这些问题会使植物枯萎、变形或褪色，但不会招致虫害或病原。浇水不足或者浇水过多会导致植物枯萎，浇水过多还会出现烂根的情况。总的来说，植物地栽的土壤或盆土应该保持湿润但不是潮湿。浇水前一定要检查土壤，干裂的表面可能会掩盖下面湿乎乎的土壤，反过来，短暂的雨淋可能只是润湿了土壤表面，但根本没有渗透到根部缺水的地方。

黄叶，尤其对盆栽植物而言，是营养匮乏的症状，比如缺氮或镁。不开花或不结果可能是缺钾。要保证定期为盆栽植物施加养分均衡的肥料，每年为花园的苗圃或花坛覆盖新土使土壤中保持良好的营养水平。根系发育不良可能是土壤中缺乏磷肥或者其他生长的基质。严重的营养匮乏最好用液肥来补救，用来灌根或喷施叶片。避免过度施加高氮肥，这样会使植物生长过“旺”过软，更易受到以汁液为食的蚜虫和粉蚧等害虫的侵袭。

## 处理病虫害

要想培育一个具有生物多样性且满是健康植物的花园生态系统，同时避免大规模病虫害的发生，这不是一件简单的事情。要鼓励和吸引害虫的天敌，比如刺猬、青蛙、蟾蜍、鸟、甲虫、瓢虫、食蚜蝇幼虫，它们都会捕食蚜虫、蛞蝓和蜗牛。要在保护植物免受重大侵害和为捕食者提供足够食物之间找到平衡——允许野外生物总体上蓬勃生长。如果园丁掐死了所有的毛毛虫，那么就不会有蝴蝶或飞蛾了。此外，可以考虑采取生物防治的方式——邮购小包的掠食性昆虫放在自家的植物上，或者采用线虫解决方案：把它们和水一起浇到土壤里。

其实经常在花园里走动并查看植物的状况就足以预防病虫害肆虐了。不过，如果发现有病虫害的话，先尝试用物理方式除虫和去掉植物感染的部分。化学防治仅在不得已时才使用。的确，现在家庭花园的园丁并没有多少化学防治方面的选择，因为这可能会对野外生物造成潜在的损害。如果使用，一定要按照制造商的方法，严格遵循施用量和收获间隔期的说明。

# 一年四季要做的事：春季

随着色彩斑斓的春季的到来，我们很开心能出门呼吸新鲜的空气，一扫冬季的残枝败叶和阴霾。现在是时候创造新的生命了——播种和栽种，要为接下来的季节做好准备。任何对香草花园的重新设计和改造，或是建造一处新园，都最好趁现在或者等到秋季进行。

一开始，只能收获越冬的香草。一些最早长出来的香草有北葱、欧当归、茴香、薄荷、酸模和香蜂花，但等到春季快要结束的时候，整座香草园都可以采摘收获了。

### 种植

- 播种一年生香草植物——从早春开始先放在温室或者等到春末直接在户外进行（参考包装上的说明）。
- 根据包装上推荐的季节，播种多年生草本植物和灌木。检查那些秋季播下种子，留在户外过冬的植物。
- 随着幼苗的生长，疏苗，把最强壮的植物盆栽，待春末和初夏时地栽。
- 将多年生草本植物分株后重新栽种，或者种在花盆里。
- 地栽新的香草植物，如果天气干燥，要好好为它们浇水，直到完全定根。

### 养护

- 贴着地面的高度剪短多年生草本植物的老茎。
- 割掉老的植物、叶片和冬季的残枝败叶（做堆肥）；这样可以露出自播的植物——种在花盆里、移植或把想要的留在原处，比如茴香或玻璃苣。
- 为土地彻底除草，去掉所有多年生杂草的草根，用园艺叉为压实的土壤松土透气。
- 在为土壤覆盖一层护根之前，如果土壤特别干的话，最好充分浇水，需要的话，耙入一些控释颗粒肥；注意不要让护根接触植物的根基或茎干。
- 干旱期根据需要浇水。
- 清理花盆中的杂草，覆盖护根，根据需要为根满盆的植物换盆。
- 从初春开始为盆栽植物施加液肥。
- 摘掉玻璃罩或塑料罩，一并去除其他冬季的保护物，刚开始仅白天如此，一旦没有了霜冻的风险且足够暖和时，就可以把在室内越冬的盆栽植物搬到户外。

### 修剪

- 修剪硬灌木，比如初春时的西洋接骨木和迷迭香，可以控制大小。
- 仲春或晚春时，待严酷的霜冻过去之后，修剪灌木和半灌木，比如月桂、鼠尾草和神香草，剪成整齐的形状。
- 将攀缘植物新生的部分绑好，为所有过去捆绑的地方松绑或做替换。

# 一年四季要做的事：夏季

香草到了夏季就进入了生长季。香草最新鲜最美味的时候是初夏和仲夏，不过生长季过后植物还会开花和结子，也还能继续收获。

所有的香草在夏季都能以某种方式收获。可以根据植物的需要采摘叶片，剪下枝条晾干（开花前），待没有新鲜叶片的时候备用。剪下花朵食用或做装饰，收集的种子可以在烹饪的时候使用，或者留下来第二年播种用。

**种植**

- 初夏时将春季播种但还未栽种的香草地栽或移植到大花盆里。
- 继续播种一年生香草——直接在户外播种，初夏一次，夏末再来一次，用来越冬。查看包装上的说明。
- 剪下一些多年生植物和灌木的枝条。

**养护**

- 保留反复开花的植物（比如金盏花），按照常规定期摘掉枯萎的花头。
- 修剪花期已过的多年生草本植物，在秋季前刺激新叶的生长。可以贴地剪短（比如北葱最好这样操作），也可以在茎上选一个更低的点修剪（比如薄荷、香蜂花以及类似的香草）。
- 有必要的话持续浇水，尤其是盆栽的香草，每周或每两周施一次液肥。
- 根据需要除草，最好在杂草开花和结子前进行。

**修剪**

- 修剪开过花的英国薰衣草等灌木，以免越长越稀。修剪至保留一片叶，去除茎上开过花的部分。
- 仲夏时修剪树篱以保持外形。
- 剪掉薄荷的匍匐枝来控制其蔓延生长，否则它们会沿着花盆边缘繁殖或者顺着地面生长。

# 一年四季要做的事：秋季

随着生长季趋于结束，是时候腌制最后一批收获物了，同时也到了评估香草花园成功与失败的时候了。记笔记是宝贵的练习——记录下可能的改变和植物的转变，或者明年想要做的不一样的事情。此外，如果从夏季开始想要重新设计或计划建造新的苗圃或花坛，那么现在正是准备土壤和栽种的好时候。

许多香草都会结出可以收获的种子，到了秋季有的时候还会收获果实。如果第一波霜冻来得不是太早的话，就算是罗勒这样的一年生植物也还能再挺一段时间。不过，随着天气越来越冷，天黑得越来越早，罗勒的叶片会变得又硬又老，所以趁着初秋赶紧摘下还算柔嫩的叶片使用或腌制。常绿香草在冬季仍能存活和耐受采摘。

**种植**

- 挖出一小簇香草，比如薄荷和北葱——包括大量的根系，种到花盆中，放在室内，这样一整个冬季都有新鲜的叶片可以使用了。
- 播下需要在寒冷冬季（以层积沙藏的方式）才能萌芽的种子，或者任何需要从现在就开始生长的香草，以便春季上盆时能更早更大。查看每袋种子包装上的说明信息。
- 可以的话，用插条法繁殖香草。
- 初秋时为多年生草本植物分株。将分割的植物再次种下以增加数量，或者上盆后送给亲朋好友。

**养护**

- 要保证为新栽种的香草充分浇水，直到完全定根，尤其是干旱时期。
- 彻底除草。
- 如果春季没有用护根的话现在可以覆盖一层；此外，秋季也可以在春季已经用过护根但仍需改善土壤的地方再次追加一层护根。
- 修剪掉枯萎且变得湿软的多年生草本植物（例如欧当归和欧白芷）；修剪掉那些一旦倒伏可能会压坏其他植物的茎（例如茴香）；修剪掉不期望自播的植物。其他茎可以保留——种子头很漂亮并能够为鸟类和无脊椎动物提供食物和庇护。
- 多留意花园，移除已经压在其他植物上的茎。
- 如果预报有霜冻，把冬季需要保护的盆栽植物挪入室内，为地栽的植物盖上玻璃罩或塑料罩等类似的保护物。

**修剪**

- 冬季大风将至前，绑好过长的、随风摆动的茎，以免吹断。

# 一年四季要做的事：冬季

冬季也不是完全无事可做，对于香草花园来说仍然是充实的。你可以想一想、画一画可能栽种的新植物，还可以查阅图书和目录（不过订购时一定别忘了自己花园的大小！），这些都值得尝试。时刻关注户外的花园，预防损害的发生。

除了越冬的和室内种植的香草，冬季可以收获的香草仅剩下常绿灌木，比如迷迭香，还有一些耐寒的植物，比如欧芹。切忌过度采摘。

## 种植

- 冬末时播种尖辣椒（遵照包装袋上的说明）。
- 播下其他多叶的一年生植物，如果有充足的光照和底热（比如可加热的培育箱）就可以收获微叶（详见“微叶”，第16页）。

## 养护

- 将欧芹用玻璃罩、塑料罩或者类似的东西做好保护，这样冬季可以收获更好的欧芹。
- 一定不要让花盆里的土完全干透。
- 检查冬季的防护是否依然能起到保护作用，尤其是大风天。
- 剪掉多年生草本植物的茎或者压在其他低矮植物上的部分。
- 扫掉或掸掉植物顶部厚重的雪，防止断裂，对于用玻璃罩、塑料罩和园艺用羊毛保护的植物，要让光能照到植物。
- 清洁花盆和工具，为来年的生长季做好准备。

Original Title: The Kew Gardener's Guide to Growing Herbs
First published in 2019 by White Lion Publishing,
an imprint of The Quarto Group.

This edition first published in China in 2023 by BPG Artmedia (Beijing) Co., Ltd, Beijing


**图书在版编目（CIP）数据**

英国皇家植物园栽种秘笈. 香草 /（英）霍利·法雷尔著；邢彬译. — 北京：北京美术摄影出版社，2023.6
（邱园种植指南）
书名原文：The Kew Gardener's Guide to Growing Herbs
ISBN 978-7-5592-0554-4

Ⅰ. ①英… Ⅱ. ①霍… ②邢… Ⅲ. ①香料植物—观赏园艺 Ⅳ. ①S6

中国版本图书馆CIP数据核字（2022）第205253号

---

**北京市版权局著作权合同登记号：01-2021-2073**

责任编辑：于浩洋
责任印制：彭军芳

**邱园种植指南**

# 英国皇家植物园栽种秘笈 香草

YINGGUO HUANGJIA ZHIWUYUAN ZAIZHONG MIJI XIANGCAO

**［英］霍利·法雷尔 著**
**邢彬 译**

出　版　北京出版集团
　　　　北京美术摄影出版社
地　址　北京北三环中路6号
邮　编　100120
网　址　www.bph.com.cn
总发行　北京出版集团
发　行　京版北美（北京）文化艺术传媒有限公司
经　销　新华书店
印　刷　广东省博罗县园洲勤达印务有限公司
版印次　2023年6月第1版第1次印刷
开　本　787毫米×1092毫米　1/32
印　张　4.5
字　数　104千字
书　号　ISBN 978-7-5592-0554-4
定　价　89.00元

如有印装质量问题，由本社负责调换
质量监督电话　010-58572393

**图片致谢**
t=上；b=下；m=中；l=左；r=右

© Alamy: 24l Gary K Smith, 121b John Glover

© GAP Photos: 13l Friedrich Strauss, 15r Elke Borkowski, 85 Hanneke Reijbroek

© Jason Ingram: 2, 6–7, 29, 41, 55al+r, 55ml, 55bl+r, 61, 69, 74l, 77, 84, 94l, 95l, 105, 111, 121al+r, 131,

© Shutterstock: 9 Jayne Newsome, 10 CTatiana, 11l Piccia Neri, 11r Lauren Maki, 12 Franz Peter Rudolf, 13r sanddebeautheil, 14 Maren Winter, 15l Alexander Raths, 16 Kayla Waldorff, 17l Peter Turner Photography, 17r Kayla Waldorff, 18 Del Boy, 19l Peter Turner Photography, 19r rustamank, 20 Diana Taliun, 21l Hannamariah, 21r ioks, 22–3 Drozdowski, 26l JurateBuiviene, 31l Ivan Marjanovic, 33l Nine Johnson, 34b blacograf, 36l guentermanaus, 39l greenair, 43l F.Neidl, 49b YukoF, 51l tim_zml, 52l areeya_ann, 55mr Svetlana Lukienko, 57l FMB, 59l barmalini, 64 sarocha wangdee, 67l Piti Tan, 67r jopelka, 70l mirzamlk, 71l Bildagentur Zoonar GmbH, 73l BelkaG, 78l beta7, 81l kridsada tipchot, 86l Vahan Abrahamyan, 89l Katinkah, 91l Olexandr Panchenko, 93l Madeleine Steinbach, 96l Katarzyna Golembowska, 99l wasanajai, 99r Puttida Channum, 101l Mahathir Mohd Yasin, 102l Marshmallowz, 106l alexmak7, 108l Yolanta, 114l Ed Samuel, 115l ChWeiss, 116l HandmadePictures, 119l angelakatharina, 123l Juraj Kovac, 125l Branimir Dobes, 126 Katarzyna Mazurowska, 127a JurateBuiviene, 128l Madeleine Steinbach, 132l Dazajny, 134l wavebreakmedia, 135 JSOBHATIS16899, 136 svetkor, 138 paula french, 140 gorillaimages, 141 Eris and Edrington Co

The publishers wish to thank Martyn Rix and the Kew Library Art and Archives team, and Tony Hall, Melanie-Jayne Howes and Richard Wilford.